ネイティブが教える

日本人研究者のための英文レター・メール術

日常文書から査読対応まで

エイドリアン・ウォールワーク
［著］

前平 謙二／笠川 梢
［訳］

講談社

First published in English under the title
English for Academic Correspondence
by Adrian Wallwork, edition: 2

日本の科学者の皆さんへ

私は常々、国によって文化や習慣が異なり、そこで使われている言語の丁寧さや気遣いに差があることに強い関心を抱いていました。もうずいぶん前のことですが、日本人とのコミュニケーションの取り方について学ぶ外国人のために書かれた、*How To Be Polite In Japanese*（日本語の敬語：水谷修、水谷信子著、ジャパンタイムズ）という本を読んだことがあります。メール社会が到来する前に書かれた本ですが、本書との大きな共通点が、その前書きに次のように記されています。

「今後、相手に対する思いやりの心はコミュニケーションをする上でますます重要になっていきます。敬語の本質は思いやりを形にすることです。」

この思いやりの心は日本文化に根付いています。海外の研究者へメールを書くときにも大変役に立つでしょう。

本書は3つの基本的ガイドラインに基づいて構成されています。

(1) メール受信者の気持ちを想像しながら書く

本書『ネイティブが教える 日本人研究者のための英文レター・メール術』では、単に敬語を英語に置き換えただけでは、せっかくの気づかいや思いやりを相手に伝えきれないことを解説しています。本書のコンセプトは共感と敬意です。そのためには、メール受信者の気持ちを想像しながら書かなければなりません。例えばあなたがメールの受信者なら、どのようなメールを受け取りたいですか？

- 宛名：スペルに誤りがある。女性なのにMrで始まっている。あるいは本書2.3節のように、Dear John Smithと敬称を使わずにシンプルに名前と名字だけが書いてある
- 本文：改行もなく何行も続いている。あるいは本書6.9節のように、いくつかのパラグラフに分かれていて必要があれば返事をしやすいように番号が振られている
- 結び：実質的な意味はない長々とした堅苦しいフレーズで結んである。あるいは本書2.7節のように、シンプルにBest regardsだけで終わっている

受け取る人の気持ちを考えてメールを書く、これがこの本全体に流れる哲学です。自分が受け取りたいと思うメールを書きましょう。

本書の構成としては、まず第1～3章で、受信者に敬意を持って呼びかけ、よい人間関係を構築するための方法をまとめました。相手が忙しくても件名に工夫を凝らすなどして、返信をもらうためのヒントも多数紹介しました。

(2) シンプルで明快な英文を書き、依頼を論理的に構成する

第4～6章では、フォーマルな言葉づかいとインフォーマルな言葉づかいを比べ、シンプルで明快な英文を書き、依頼を論理的に構成するコツを学びます。アカデミックなメールに限らず、どのような状況でも応用可能な方法です。

第7～9章は、アカデミアでやりとりするメールに特化した章で、履歴書のカバーレター、志望動機書、申請書、レファレンスレター、提案書の書き方をまとめました。

(3) 丁寧なだけでなく、礼儀正しく、建設的なメールを書く

定型的でありながら書くことが難しいメールもあります。共著者の協力が芳しくないときやエディターから返事が来ないときなど、厳しい意見を伝えなければならないときのメールです。論文を提出したことを伝えるメールなど非常に重要な内容のメールも同様です。これらのメールの書き方は第10～13章にまとめました。丁寧なだけでなく、礼儀正しく、建設的にメールを書くことの重要性を学びましょう。

最後に、第14章と第15章では、メールの文例と間違いやすい文法のポイントをまとめました。

私は、メール、論文、プレゼンテーション、これらすべてのコミュニケーションにおいて、明快でポジティブに情報を発信することを大切にしています。皆さんもそうされることで、皆さんのメールや論文を読んだりプレゼンテーションを聞いたりした人が、交流したいと思う可能性は高まります。その結果、アカデミアでのネットワークが広がり、問い合わせが増え、コラボレーションのチャンスが広がり、自分の専門分野において成功する確率はいっそう高まることでしょう。

末筆ながら、本書が皆さんの研究生活に大いなる刺激を与え、皆さんの研究が成功に導かれることを心から祈っています。

2021年4月

エイドリアン・ウォールワーク

はじめに

本書は*English for Academic Research*シリーズの1冊で、さまざまな学問分野で国際的に活躍されている英語を母語としない研究者の方々のために書かれています。アカデミック英語の先生方にも効果的で、本書と*English for Academic Research: A Guide for Teachers*を併用されることをお勧めします。

本書で学ぶこと

本書では、研究者としての道を進まれている皆さんに、ジャーナルのエディターや、他の研究者、教授にメールやレターを書く必要が生じたときのために、フォーマルなものからインフォーマルなものまで含めて、その書き方を解説しています。また、査読報告書への返答の仕方、研究提案書や研究趣意書の書き方についても簡潔にアドバイスしています。

各章の構成

各章は3つのパートで構成されています。

(1) ファクトイド/賢者の言葉

このパートは各章のテーマへの導入です。中にはセクションの内容とは直接関係のない、関心を引き寄せるために書いたファクトイドもあります。アカデミック英語を指導される先生方は授業前のエクササイズとして使うとよいでしょう。すべての統計値と引用は真実に基づいていますが、場合によっては私がその情報源を検証できなかったものも含まれています。最後の2つの章にはこのパートがありません。

(2) ウォームアップ

ウォームアップは、さまざまな練習問題を解きながら各章のテーマについて考えてもらうためのものです。アカデミック英語を学ばれている方には、これらの練習問題をEAP（English for Academic Purposes: アカデミック英語）の先生とともに授業の中で考えていただきたいと思います。貴重な学びを得られるはずです。ウォームアップの後半では、その章で学習することの概要を説明しています。

(3) 本論

各章の本論はいくつかのセクションに分かれています。各セクションでは具体的な問題点に言及し、その解決策を解説しています。

本書活用のアドバイス

本書は必ずしも最初から読む必要はありません。興味をひくテーマがあればそこから先に読み進めてください。各章はいくつかのセクションで構成され、さらに各セクションはいくつかのパラグラフに分けられ、要点も箇条書きに整理されていますので、自分に必要な情報を見つけやすく、また理解しやすいはずです。目次も学習したことのチェックリストとして活用してください。

EAPやEFLの先生方へ

EAPやEFL（English as a Foreign Language: 外国語としての英語）の先生方は、英語が非母語の研究者がレター/メールのコミュニケーションで遭遇する問題について学ぶことができるでしょう。また、自分の生徒に対しては、効果的なメールの書き方および論文を査読者とエディターに受理してもらうためのアドバイスを指導することができるようになるでしょう。さらに、ファクトイド、賢者の言葉、ウォームアップを練習問題として使って、刺激的で楽しい授業を行うことができるでしょう。*English for Academic Research*シリーズの3冊の問題集（ライティング、文法、語彙）とその教師用ガイドブック*English for Academic Research: A Guide for Teachers*を併用するといっそう効果的です。

実際のメールやレターから例文を引用

本書で使われているメールは実際に発信されたメールです。メール発信者の名前と勤務先は変えてあります。場合によっては、筆者がメール本文中で言及している研究テーマも変えています。そのいくつかは信じられないかもしれませんが、査読報告書とそれに対する返答もすべて実際のものです。特に断りがない限り、すべての例文は正しい英語で書かれています。

英語版第1版との違い

第1版（未邦訳）から大きく進化した点が3つあります。まず、各章の最初にファクトイドとウォームアップを設けました。次に、新しい章を3つ増やし（第7章、8章、9章)、カバーレター、レファレンスレター、研究提案書について解説しました。最後に、第1版の第3部、第4部、第5部（電話で話す、ネイティブスピーカーを理解する、社交について）は割愛し、別に1冊の本（*English for Interacting on Campus*）としてまとめました。結果的に、第2版ではレターとメールによるコミュニケーションが中心になりました。古い章を残したまま新しい章を加えていては400ページを超えてしまいそうでした。

本シリーズの他の書籍

本書を含むこのシリーズは、英語を母語としない研究者の英語でのコミュニケーション能力の向上を目的としています。このシリーズには本書以外にも次のような書籍があります。

*English for Presentations at International Conferences**
*English for Writing Research Papers***
English for Academic Research: A Guide for Teachers
English for Interacting on Campus
*English for Academic Research: Grammar, Usage and Style****
English for Academic Research: Grammar Exercises
English for Academic Research: Vocabulary Exercises
English for Academic Research: Writing Exercises

* 前平謙二/笠川梢・訳『ネイティブが教える 日本人研究者のための国際学会プレゼン戦略』(講談社、2022)

** 前平謙二/笠川梢・訳『ネイティブが教える 日本人研究者のための論文の書き方・アクセプト術』(講談社、2019)

*** 前平謙二/笠川梢・訳『ネイティブが教える 日本人研究者のための論文英語表現術』(講談社、2024)

CONTENTS

第1章　件名の書き方 …… 001

1.1　ウォームアップ …… 002
1.2　受信者の気持ちになって件名をつける …… 003
1.3　件名とプレビュー画面を関連づける …… 003
1.4　件名だけでメッセージを完全に伝える …… 004
1.5　件名を2つの部分に分けて表現する …… 004
1.6　曖昧さを避けて具体的に …… 004
1.7　受信者の詳細情報を含める …… 005
1.8　その他の件名の例 …… 005

第2章　挨拶の書き方 …… 007

2.1　ウォームアップ …… 008
2.2　受信者の名前のスペリングを正しく入力する …… 009
2.3　オープニングの挨拶の敬称に注意 …… 009
2.4　相手の性別が分からないときや、名字と名前の区別がつかないとき …… 011
2.5　相手の名前が分からないときは、できるだけ具体的な宛名にする …… 012
2.6　エンディングの言葉が見つからなければBest regardsで終える …… 013
2.7　メールの最後で挨拶の表現をいくつも重ねない …… 014
2.8　自分の署名に受信者が必要なすべての情報が含まれていることを確認する …… 015
2.9　署名した後にPSなどの情報は避ける …… 015

第3章　メール本文の構成 …… 016

3.1　ウォームアップ …… 017
3.2　相手の立場で書く方法 …… 017
3.3　オープニングは［挨拶＋受信者の名前］で始める …… 018
3.4　最初のセンテンス/パラグラフ以外は誰も読まないと思って構わない …… 019
3.5　受信者に自分の名前と前回会ったのはいつかを思い出させる …… 019
3.6　面識がなければメールした理由を単刀直入に伝える …… 020
3.7　誰に宛てたメールか、何をリクエストしているかを明確にする …… 021
3.8　誰にメールを読んでもらいたいかを、受信者全員に明確に伝える …… 023
3.9　必要な情報だけをロジカルに配列する …… 023
3.10　オープニングとエンディングにひな型は使わない …… 025

3.11 長いメールはスクロールされやすい 027
3.12 ネガティブな内容はサンドイッチテクニックを使って伝える 028
3.13 長いメールではロジックが失われないように、また要点を明確にするために接続語句を上手に使う 029
3.14 時差があるとき、相手が正しく日時を把握できるように配慮する 029
3.15 メールは、自分や相手だけでなく第三者にとっても重要 030
3.16 結びの言葉 032
3.17 本当に必要がない限り、CCに入れない 032
3.18 添付があることをメールの本文中で明確に伝える 033

第4章 適切なフォーマリティのレベルを設定し、受信者と良好な関係を構築する 034
4.1 ウォームアップ 035
4.2 フォーマリティのレベルを設定する 039
4.3 状況に合わせてフォーマルかインフォーマルかを選び、併用しない 044
4.4 英語と母語の文体の差とフォーマリティのレベルの差を理解する 046
4.5 何かを依頼するときは全体のトーンに注意する 049
4.6 相手に敬意を払い、返信を動機づける 051
4.7 共通の関心事項を述べて、お互いの間に良好な関係を構築し強化する 054
4.8 友好的な関係を維持する 056
4.9 否定的な内容を伝えるときは、穏やかなトーンでアプローチする 057
4.10 メールの最後は親しみのこもった語句で終える 058
4.11 簡潔で親しみのこもった依頼を行うことで共同研究につながった例 059

第5章 言葉の選び方、翻訳の影響、スペリング 062
5.1 ウォームアップ 063
5.2 簡潔でシンプルな英文メールを書いてミスを少なくする 064
5.3 勝手に英作文せず、相手の英語を活用する 066
5.4 簡潔に正確に書く 067
5.5 センテンスは短く、最も重要な情報を主語に 068
5.6 正しい単語の選択と正しい語順について 070
5.7 曖昧さを避ける 072
5.8 代名詞を使うときは、その代名詞が指す内容が100%明確であること 073
5.9 母語からの直訳ではなく英語の定型表現を使う 075
5.10 誇張せず、誠実であること 076
5.11 Google翻訳に頼ることの危険 077
5.12 代名詞の使い方に要注意 079
5.13 スペリングと文法を確認する 080

5.14　スペルチェッカーを過信してはならない 082
5.15　非常に重要なメールであれば、専門家にチェックしてもらう 084

第6章　効果的な依頼メールとその返信の書き方 085
6.1　ウォームアップ 086
6.2　依頼内容を分かりやすくレイアウトする 088
6.3　相手があなたの依頼事の重要さを理解できるとは限らない 091
6.4　相手の状況を強調、または相手を褒めて、相手が返事をしやすいようにする 093
6.5　必要な情報をすべて提供する 094
6.6　面識のない相手には添付書類を送らない 096
6.7　相手が依頼内容を評価するために必要な情報をすべて提供する 097
6.8　論文をレビューしてもらいたいときの依頼内容は明確に 098
6.9　情報は文字の塊で提示せず、内容の解釈をすべて読み手に委ねない 100
6.10　依頼は1件にしぼるべきか、複数の依頼をするかどうかを判断する 103
6.11　複数の依頼を行うときは、メールの最後で要件をまとめる 103
6.12　複数の依頼を行うときは、一つ一つの依頼内容を明確に書く 105
6.13　返事をもらいたい期限を示す 107
6.14　返信内容に疑問点があれば質問しよう 108
6.15　依頼に応えるときは、依頼メールを引用して回答を書き込む 109
6.16　相手のメールの本文中に好意的なコメントを挿入して返信する 112

第7章　カバーレター：インターンシップ、エラスムス留学、修士・博士・ポスドク留学に応募する 114
7.1　ウォームアップ 115
7.2　応募職種を見出しの中で明確に伝える 120
7.3　挨拶の書き方 122
7.4　第一パラグラフ（イントロダクション） 123
7.5　第二パラグラフ/第三パラグラフ 123
7.6　最終パラグラフ 124
7.7　結びの挨拶 124
7.8　レターは極めて重要！　書き終えたら入念なチェックを 125
7.9　エラスムスプログラムへの応募 126
7.10　ワークショップへの応募 129
7.11　サマースクールへの応募 133
7.12　博士課程への応募 136
7.13　プレースメントへの応募 139

7.14　研究員/インターンシップへの応募 140

第8章　レファレンスレターを依頼する 148
8.1　ウォームアップ 149
8.2　レファレンスとは 150
8.3　レファレンスレターを依頼する 150
8.4　レファレンスレターの典型的な質問 153
8.5　自分のレファレンスレターの書き方 154
8.6　レファレンスレターの構成とテンプレート 154

第9章　研究提案書・研究趣意書を書くコツ 157
9.1　ウォームアップ 158
9.2　外部資金申し込みのための研究提案書 159
9.3　PhDまたはポスドク応募用の研究提案書の書き方 160
9.4　PhDプログラムとポスドク募集の研究提案書の違い 162
9.5　志望理由書と研究趣意書の書き方 162

第10章　建設的に批判する方法 165
10.1　ウォームアップ 166
10.2　メールが批評をするときの最適な手段かどうか判断する 166
10.3　メールが読まれるときの状況を考える 167
10.4　批判ばかりが目立つメール構成にしない 167
10.5　前向きなトーンで書き始める 171
10.6　建設的に批判する 173
10.7　コメントは礼儀正しく、曖昧な私見は避けて詳しく書く 176
10.8　説明を求めるときや提案をするときに直接的になりすぎない 178
10.9　長所は短文で、短所は長文で書く 180
10.10　前向きな言葉遣いを選ぶ 180
10.11　前向きな言葉で報告を締めくくる 180
10.12　「送信」ボタンをクリックする前に最初から読み直す 181
10.13　催促するときは礼儀正しく 182
10.14　インフォーマルなレビューに対する感謝の表し方 184

第11章　査読報告書の書き方 186
11.1　ウォームアップ 187
11.2　査読者としての役割を理解する 188
11.3　ジャーナルの査読ガイドラインを読む 188

11.4　査読報告書の構成：(1) 条件つき受理 …… 190
11.5　査読報告書の構成：(2) 不受理 …… 191
11.6　査読報告書の構成：(3) 修正なしで受理 …… 191
11.7　著者が査読者としてのあなたに期待していること …… 191
11.8　査読報告書を書く前に、著者としての立場を思い出す …… 192
11.9　サンドイッチテクニックを使う：ポジティブな言葉で挟む …… 193
11.10　批判するときには穏やかに …… 195
11.11　著者を責めたい気持ちを抑える …… 198
11.12　アドバイスにshouldを多用しない …… 200
11.13　コメントごとにパラグラフを分ける …… 201
11.14　明瞭で誤解されないコメントの書き方 …… 202
11.15　著者はyou、査読者はIとする …… 205
11.16　やみくもに英語のミスを指摘しない …… 206
11.17　自らの英語のレベルとスペルに注意 …… 208
11.18　著者の英語レベルについて、私からのお願い …… 209

第12章　査読結果に返信する …… 211

12.1　ウォームアップ …… 212
12.2　リジェクトされるのはあなたの論文が初めてではない …… 214
12.3　査読者とエディターが喜ぶ構成にする …… 214
12.4　回答はできるだけ分かりやすいレイアウトで …… 216
12.5　短くまとめる …… 219
12.6　the authorsではなくweと表記する …… 219
12.7　コメントの意味が分からないのは恥ずかしいことではない …… 220
12.8　修正点を伝える時制は現在形か現在完了形 …… 220
12.9　修正しなかった事項と理由を説明する …… 221
12.10　査読者に反対意見を述べるときは丁重に …… 223
12.11　研究の限界を指摘されたときは、建設的に対応する …… 226
12.12　査読者のコメントやジャーナルの仕事を批判しない …… 227
12.13　査読者からのアドバイスを無視したらどうなるか …… 228

第13章　エディターとのやりとり …… 231

13.1　ウォームアップ …… 232
13.2　達成する必要のあることだけに集中する …… 233
13.3　カバーレター（メール）が明快かつ正確であることを確認する …… 234
13.4　変更点がわずかなときは、カバーレター内で説明する …… 237
13.5　ネイティブによる校閲の有無を明記する …… 238
13.6　進捗状況を確認するメールは丁寧に …… 239

第14章　ネイティブが教えるメール表現 244
14.1　ウォームアップ 244
14.2　オープニングの挨拶 245
14.3　エンディングの挨拶 246
14.4　エンディングの前の挨拶 247
14.5　メッセージの用件を伝える 248
14.6　強調/追加/要約する 250
14.7　お願いする/手伝いを引き受ける 251
14.8　招待のやりとり 252
14.9　問い合わせる 253
14.10　問い合わせに回答する 255
14.11　次のステップについて話す 257
14.12　締め切りを伝える/締め切りに応える 258
14.13　催促する 259
14.14　会議や遠隔会議を調整する 260
14.15　インフォーマルな校正のために文書を送る 263
14.16　インフォーマルな校正用の文書を受領し、コメントする 265
14.17　査読報告書 267
14.18　著者から査読者・エディターへの返信 269
14.19　問題に関連するフレーズ 271
14.20　説明を求める/説明する 273
14.21　感謝する 275
14.22　謝る 276
14.23　添付ファイルを送る 277
14.24　メールの技術的な問題 279
14.25　留守メッセージ 279

第15章　時制を使い分ける 280
15.1　ウォームアップ 280
15.2　現在形 282
15.3　現在形を使わないとき 284
15.4　現在進行形 285
15.5　進行形を使わないとき 286
15.6　未来形［will］......... 287
15.7　未来進行形 289
15.8　be going to 291
15.9　過去形 291
15.10　現在完了形 292

15.11 現在完了進行形 294
15.12 現在完了進行形を使わないとき 295
15.13 命令形 296
15.14 Zero Conditional / First Conditional（直説法） 297
15.15 Second Conditional（仮定法過去） 298
15.16 Third Conditional（仮定法過去完了） 299
15.17 能力や可能性を示す助動詞——can、could、may、might 300
15.18 助言や義務を表現する助動詞——have to、must、need、should 301
15.19 提供、依頼、招待、提案を示す助動詞——can、may、could、would、shall、will 303
15.20 語順 305
15.21 接続語句 309

謝辞 311
付録：ファクトイドのデータソース 312
翻訳者あとがき 314
索引 316

第1章

件名の書き方

メールファクトイド

世界で初めて発信されたメールは、1971年、エンジニアのレイ・トムリンソンが自分自身に向けて発信したメールで、qwertyuiopとだけ入力されていた。しかし、最初にメールを発信したのは自分だと主張している人は他にもたくさんいる。

*

1日に発信されるすべてのメールをA4サイズの紙に印刷すると、250万本の木を伐採しなければならないことになる。すべてのメールを積み重ねていくと、エベレストの3倍以上の高さに達し、その重さは全カナダ人の体重の合計を上回る。印刷した紙を一面に広げると、サッカー競技場の200万倍の広さに匹敵する。また、印刷に要する費用は約14億ドルで、これはスペインの1年間のGDPに相当する。

*

インターネットの最も一般的な利用法はメールであるが、*Digital Life*誌の世界調査によると、人はメール（1週間に4.4時間）よりもソーシャルメディアにより多くの時間を費やしている（1週間に4.6時間）。

*

drailingという言葉は2000年中頃に作り出された言葉で、酔っ払いメール（酒に酔った状態でメールすること）を意味する。

1.1 ウォームアップ

(1) 受信箱の中の10～20本のメールの件名を分析し、それらの件名がどれほど効果的に表現されているかを判断する基準を考えてみよう。同僚の基準とも比較してみよう。
(2) スパムメールの件名を同じようにいくつか分析してみよう（開封してはならない）。何か共通点はないか？　それがスパムメールであることがどうして分かるか？
(3) 自分で書いたメールの件名をいくつか見てみよう。(1) で発見した基準をどの程度満たしているか？　相手にスパムメールと誤解されそうなメールはないか？

メールの件名の書き方に1章全体を費やして解説することは普通ではないかもしれない。しかし、毎日2500億通以上のメールが発信されており、件名は受信者にメールを読むことを後回しにせずに開封と返信を促すための重要な要素だ。

メールの件名は論文のタイトルに相当する。もし論文のタイトルが面白くないと読者に判断されれば、その論文が最後まで読まれる可能性は低い。同様に、メールの件名が受信者にとって重要性が低くても、メールは読まれることなく破棄されるだろう。

かつて、イギリス人ジャーナリストのハロルド・エヴァンスは、「編集者に求められるスキルの50％は見出しを上手に書くことである」と書いている。メールの件名についても同じことがいえる。

本章では、効果的な件名の書き方について考える。そうすることで次のような効果を期待できる。

- メールが受信者の受信箱の中で目立ち、他のメールと区別されやすい
- 受信者が内容に興味を持ち、早く開封したいと思う
- 受信者と親密な関係を築くことができる
- 受信者が本文を読まなくても、件名からメールの概要を理解できる

1.2 受信者の気持ちになって件名をつける

受信者の立場に立って考えよう。私は科学英語を講義しているので生徒からメールをもらうことがあるが、件名に「英語コース」という表現を使っているメールが非常に多い。「英語コース」という言葉は彼らにとっては具体的かもしれない。実際、調査や研究の授業が1週間に40時間以上もある中で、わずか2時間の科目だ。生徒たちにとっては「英語コース」は意味のある表現だろう。私の場合はその逆で、「英語コース」は1週間のうちの大部分を占めているので、件名としてはまったくふさわしくない。「技術英語コース」や「10月10日の授業」といった件名のほうがよい。論文のタイトルと同様に、件名も可能な限り具体的でなければならない。

受信者にメールを開封したいと思わせることができれば、あなたのリクエストに応じてもらえる可能性は高くなる。メール発信者としてあなたのすべきことは、依頼内容の価値を高めることだ。

1.3 件名とプレビュー画面を関連づける

多くのメールシステムの画面は、件名だけではなく本文の最初の数ワードを同時に表示できる。メールを無視したり、削除したりせず、ただちに開封することを受信者に促すためのツールとして、この最初の数ワードを活用できる。

迷惑メールに役職名が使われることはないので、[Dear + 役職名（DrやProfessorなど）+ 名前］という書き出しは迷惑メールとの区別をつけるために効果的と思われる。

もしこの方法を採用するのであれば、件名はできるだけ簡潔に表現したほうがよい。最初の数ワードにキーワードを使うと、受信者によい印象を与えることができるだろう。

1.4 件名だけでメッセージを完全に伝える

私もそうだが、件名だけでメッセージを伝える人もいる。そうすることで受信者はメールを開封しなくても済む。例えば、私はよく生徒に、"Oct 10 lesson shifted to Oct 17. Usual time and place. EOM."（10月10日の授業を10月17日に変更。時間と場所は変更なし。以上。）という件名だけのメールを送っている。

EOMとはend of messageの略で、用件は件名で伝えているので本文は開封する必要がないことを受信者に伝えている。EOMと書かなければ、受信者は、メールを受け取った時点で本文を開封する必要があるかないかを判断することはできない。

1.5 件名を2つの部分に分けて表現する

件名を2つの部分に分けて、前半で概要を、後半でその詳細情報を伝えることもある。以下に例を示す。

> XTC Workshop: postponed till next year
> （XTCワークショップ：来年まで延期）

> EU project: first draft of review
> （EUプロジェクト：第一稿のレビュー）

1.6 曖昧さを避けて具体的に

"Meeting time changed" といった曖昧な件名は、ほとんどの受信者にとっては迷惑なだけだ。受信者はどのミーティングがいつに変更されたのかを知りたい。この2つの情報を1つの件名にまとめることは簡単だ。

> Project C Kick Off meeting new time 10.30, Tuesday 5 September
> （プロジェクトCキックオフミーティング、9月5日火曜日10:30に変更）

もし1週間後、メールの受信者が変更されたミーティングの開始時間を忘れたとしても、メールを開封する必要はない。受信箱をさっと見るだけでよい。

1.7 受信者の詳細情報を含める

受信者と共通の知人がいれば、件名の中にその人の名前を含めるのもよい考えだ。そうすることで迷惑メールではないことを伝えることができる。例えば、ある会議でホアン教授という人に会ったとする。そしてホアン教授があなたに、ホアン教授の同僚のウィルクス教授に連絡してウィルクス教授の研究室に欠員がないかを確認してはどうか、と勧めたとする。ウィルクス教授宛てのメールの件名は、

> Prof Huan. Request for internship by engineering PhD student from University of X
> (ホアン教授からの推薦：X大学工学部博士課程の学生インターンシップの件)

などがよいだろう。受信者と会った場所を含めるのもよい。例えば以下の文だ。

> XTC Conf. Beijing. Request to receive your paper entitled: *name of paper*
> (北京XTC会議でお会いしました：[論文名] のコピーを頂きたくご相談です)

1.8 その他の件名の例

他にもいくつか件名の例を示す。イタリック体の部分は適宜変更する。

初めて投稿するジャーナルに最初に原稿を添付するとき

> Paper submission: *title of your paper*
> (論文提出：[論文名])

修正を前提に論文を受理された後に修正版を提出するとき

> Manuscript No. *1245/14*: revised version
> (原稿番号*1245/14*：修正版)

title of your paper: revised version
（[論文名]：修正版）

査読者からの報告に返答するとき

Manuscript No. *5648/AA*—Reply to referees
（原稿番号*5648/AA*—査読に対する返答）

他の研究者の論文のコピーを受け取りたいとき

Request to receive your paper entitled *title of paper*
（[論文名］のコピーを頂きたくご連絡しました）

他の研究者の論文/研究からの引用の許可を求めるとき

Permission to quote your paper entitled *paper title*
（[論文名］から引用いたしたくご連絡しました）

就職/インターンシップの申し込み

Request for *internship* by *engineering PhD student* from *University of X*
（*X*大学工学部博士課程生より、インターンシップのお願い）

第2章 挨拶の書き方

賢者の言葉

アカデミアでは(北米などでは非公式な学会でも)、学者に対してDrやProfessorなどの敬称をつけることで相手の好感を得ることができる。敬称をつけることで、まるで友人に宛てたような、トップレベルの学者への依頼のレターとは思えないメールを書いている学生との差別化を図れるかもしれない。Sorry to bother you but …やI wonder if you could …やI know you must be very busy but …などの丁寧または謙譲の表現を使えば、あなたの依頼に対してよりよいレスポンスが得られるだろう。

デビッド・モラン (ペンシルベニア州立大学ハリスバーグ校　経営学部教授)

✳

インド英語はイギリスやアメリカの英語よりもフォーマルだ。例えば、Sirを、インフォーマルな状況であってもHi Sir, how're you doing?などと使うことが多い。また、イギリスやアメリカの学者がほとんど使わなくなったThanking youやSincerely yoursやRespectfully yoursなどを使っている。Yours shubhakankshiなどと、英語とインドの言葉を混ぜて使うこともある。若い世代は今ではC ya soon (See you soon) などの表現を使っている。また、tc (take care)、u no (you know)、4ever (forever)、4u (for you) などのショートメッセージ言語も使っている。

タルン・フリア (インド鉄道　メカニカルエンジニア)

✳

中国では、学生が教授をRespectful Professor Changなどと表現する。RespectfulやHonorableという言葉は"尊敬的"という中国語を直訳したものだ。Dearは中国大陸の文化圏ではイギリスやアメリカほど頻繁には使われない。中国大陸の人にとってDearはdarling、sweetie、honeyなどと同様の親密な語感があるからだ。Dearは中国大陸ではもっぱら仲のよい女性同士や恋人同士で使われている。

ティン・ジェン (教師)

2.1 ウォームアップ

あなたの国の言語で使われるメールの書き出しと終わりの挨拶の定型句を一覧にしてみよう。

(1) それらの挨拶表現のうち、英語に直訳して意味を成すものがあるか？
(2) 直訳して意味を成さない表現は、それに対応する英語の慣用句があるか？
(3) (1) と (2) の表現について、英語のフォーマルな表現とインフォーマルな表現を挙げてみよう。
(4) サクソン・ベインズという名前のまったく面識のない研究者にレターを書いているとする。書き出しの表現として次のどれが適切か？ (a) Dear Saxon (b) Dear Baines (c) Dear Doctor Baines (d) Dear Mr Baines (e) Dear Saxon Baines
(5) Tao Pei Linという名前の学者宛てのレターの書き出しとして適切な表現を考えてみよう。

第一印象は非常に重要だ。誰かと初めて会うとき、その人の印象を獲得するまでにおそらく30秒もかからないだろう。研究の結果、この第一印象を変えることは非常に難しいことが分かっている。メールでは悪印象を与えるのに1秒もあれば十分だ。名前は極めて重要で、スペリングに誤りがあれば（たとえアクセント記号の間違いであっても）ただちに相手に与える印象を悪くしてしまい、あなたの依頼への協力を得られる可能性は低くなるだろう。

直訳的な表現は避けて標準的な表現を使えば（第14章を参照）、間違いなくあなたのメールはプロらしく見え、英語のミスも少なくなるだろう。本章では、以下のようなポイントを学習する。

- 相手への呼びかけ方 — 相手を知っている場合、知らない場合、名前も分からない場合
- 敬称に注意する — Mr、Dr、Professorの使い分け
- 誰に宛てたメールかを明確にする
- 英語に直訳した表現ではなく標準的な英語表現を使う

解答：(4) e、(5) Dear Tao Pei Lin

2.2　受信者の名前のスペリングを正しく入力する

メール受信者の名前のスペリングが正しいことを確認する。自分の名前のスペルを間違われたら、あなたならどう感じるだろうか？

アクセント記号を含む名前もある。そのような場合、相手の署名をコピーして自分のメールの書き出しに貼りつける。そうすることで、スペリングもアクセント記号（例：è、ö、ñ）も間違いを防ぐことができる。

アクセント記号を含む名前であってもメールでは省略している人もいるかもしれない。その人がアクセント記号を使っているかどうかを確認しよう。

2.3　オープニングの挨拶の敬称に注意

英米人に対しては以下のどの表現を用いても問題はない。

> Dear Professor Smith,
> Your name was given to me by …
> （スミス教授
> 先生のお名前は～氏からお伺いしました。）

> Dear Dr Smith:
> I was wondering whether …
> （スミス博士
> ～して頂けないものでしょうか。）

> Dear John Smith
> I am writing to …
> （ジョン・スミス様
> ～の件でご連絡いたしました。）

> Dear John
> How are things?

> （ジョンへ
> いかがお過ごしですか？）

名前の後にコンマ（,）やコロン（:）を置いてもよいし、置かなくてもよい。いずれの場合も、2行目の書き出しはYourやHowなどのように大文字で始める。

Drはdoctorの略語で、博士号または医学博士号を持つ者につける敬称だ。一般の学位取得者には使わない。

次のような敬称の使い方は一般的に不適切と考えられている。

- Hi Professor Smith—Hiは非常にインフォーマルな表現で、フォーマルなProfessorやDrなどの敬称には通常は使わない
- Dear Prof Smith—Professorは略して書かない。省略形は非常にインフォーマルまたは失礼な印象を与える
- Dear Smith—英米人は姓だけで相手に呼びかけることはない

もし相手と何の面識もなく連絡も取り合ったことがなければ、敬称を使うべきだ。またスミス教授があなたのメールに返信し、そのときの本人の署名がJohnであっても、本人から「ジョンと呼んでください」と言われるまではProfessor Smithを使うべきだ。

Mr EngineerやMrs Lawyerなどのように名前の代わりに職業に敬称をつける国は多い。しかし、アカデミックな世界にいる人の多くは、英文レターを書くときにこのような敬称の使い方はしない。

イギリスで最もよく使われる挨拶の言葉は、たとえ仕事のメールであっても、Hiだ。これまではHiはとてもインフォーマルであると考えられていたが、今ではHeyほどではなくなった。

2.4 相手の性別が分からないときや、名字と名前の区別がつかないとき

ファーストネームからその人の性別を知ることは難しい。実際、女性だと思っていた名前が男性だったりする。その逆もある。例えば、イタリア人の名前でAndrea、Luca、Nicola、ロシア人の名前でIlya、Nikita、Foma、フィンランド人の名前でEsa、Pekka、Mika、Jukka、これらはすべて男性の名前だ。日本人の名前のEriko、Yasuko、Aiko、Sachiko、Michiko、Kanakoは英米人には男性の名前に見えるが実際には女性の名前だ。同様に、Kenta、Kota、Yutaは日本ではすべて男性の名前だ。

もしあなたの名前の性別が曖昧であれば、最初のメールのエンディングで、Best regards, Andrea Cavalieri（Mr）と自分の性別が分かるように工夫するのもよい。

英語のファーストネームには、Saxon、Adair、Chandler、Chelseaなどのように性別がはっきりしない名前も多い。また、Jo、Sam、Chris、Hilaryなどのように男性にも女性にも使われる名前もある。

ときには、Stewart Jamesのように名字と名前の区別がつきにくい名前もあるが、英米人は名前・名字の順に表記することを思い出せば、この場合はStewartが名前であることが分かる。しかし他のヨーロッパの言語についても同じとは限らない。イタリアでは、Ferrari Luigiのように名字を先に書く人もいれば、Marco Martinaのように名字と名前の区別がつきにくい名前の人もいる。アジアでは、Tao Pei Linのように名字を最初に書くのが普通だ（Taoが名字、Pei Linが名前）。

最善の解決策はDear Stewart Jamesのように常に名字と名前の両方を書くことだ。これで誤りを未然に防ぐことができるだろう。

Mr、Mrs、Miss、Msの使用も避けたほうがよい。そもそもこれらはメールではそれほど使われていないし、使わなければ間違うこともない。

もしメールの受信者が学者でなければ、敬称の使い方には注意が必要だ。

- Mr ― 既婚/未婚の区別なく男性に対して使う
- Ms ― 既婚/未婚の区別なく女性に対して使う
- Mrs ― 既婚女性に対して使う

- Miss — 未婚女性に対して使う

中国人からメールをもらうと、英語のファーストネームを使っていることに驚くかもしれない。中国の若い世代は、大学生でも教師でも、基本的に外国人とコミュニケーションする必要のある人なら誰でも英語のニックネームを持っている。中国語が分からない人のために便宜上使われているだけだが、メールアドレスにも使われている。

面識のない人からのメールに初めて返事を書くときの一般的なルールは以下のとおりだ。

- 署名どおりの名字と名前を略さずにそのまま使う
- その名前に適切な敬称をつける
- 相手に合わせて文のスタイルとフォーマル度合いを選ぶ。初めてのコンタクトであれば、相手に悪い印象を与えないためにもフォーマルな文体が安全だ。信頼関係ができたら、状況に応じてフォーマルさを加減する。文化によっては高いレベルのフォーマルさを求められることがあるので、常に相手の習慣や文化に配慮しなければならない

2.5 相手の名前が分からないときは、できるだけ具体的な宛名にする

重要なメールを送るときは、相手の名前を必ず調べよう。そうすることで、メールが受信者に届き、開封され、返信される可能性が高くなる。しかし、製品情報を求めているときや会議の参加を登録したいときなど、相手の正確な名前が重要ではないことも多い。このような場合は、挨拶を省いて端的にHiで始めるのがよい。

To whom it may concern（ご担当者様）という表現を好む人もいるが、実際のところ、この表現は挨拶をしていないこととあまり変わらない。むしろ、次の例のように具体的な表現を使ったほうがよい。

> Dear Session Organizers
> （会議組織委員会の皆さま）

Dear Editorial Assistant
（副編集長様）

Dear Product Manager
（プロダクトマネージャー様）

2.6 エンディングの言葉が見つからなければBest regardsで終える

英文のメールのエンディングには多くの表現があるが、最もシンプルな表現はBest regards（よろしくお願いします）だ。この表現は、相手がこれまでに会ったことのある人でもない人でも、またノーベル賞受賞者でも博士課程の学生でも、誰にでも使うことが可能だ。

もし非常にフォーマルなトーンを出したければ、Yours sincerelyやYours faithfully（よろしくお願いいたします）などの表現もある。現在ではこの両者に意味の差は感じられない。

Best regardsは、Thank you in advanceやI look forward to hearing from youなどの表現の後に続くことが多い。第14章に標準的なエンディングの表現をいくつか紹介している。

句読点の使い方には注意が必要だ。各センテンスにはピリオドを打つが、Best regardsのような最後の挨拶の後はコンマで終わる（または句読点を使わない）。

... very helpful. I look forward to hearing from you. Best regards, Adrian Wallwork	... very helpful. Thanks in advance. Best regards Adrian Wallwork

※Best regardsの後はコンマがあってもなくてもよい。

2.7 メールの最後で挨拶の表現をいくつも重ねない

メールを母語で書いているときは、メールの最後にお決まりの挨拶表現をいくつも重ねることに違和感はないかもしれない。

自分の指導教授に何かリクエストをする必要があるとする。相手が欧米人やオーストラリア人であれば、通常は最後の挨拶は2行でよい。例えば、

Thank you very much in advance.

Best regards

Syed Haque

ありがとうございます。
それではよろしくお願いいたします。
セイエド・ハック

上の例は丁寧で読みやすい。次の例は挨拶表現を多く含み、フォーマル過ぎる。

I would like to take this opportunity to express my sincere appreciation of any help you may be able to give me.

I thank you in advance.

I remain most respectfully yours,

Your student, Syed Haque

お力添えを頂くことに対しこの場をお借りして心からの感謝の気持ちを述べさせて頂きたいと思います。
どうぞよろしくお願いいたします。
心からの敬意をこめて
セイエド・ハック

アカデミックな分野で働く人の多くが1日に100通ほどのメールを受け取っており、このような挨拶だらけのメールを読む時間はない。

2.8 自分の署名に受信者が必要なすべての情報が含まれていることを確認する

あなたの署名に含まれている情報は、メール受信者が抱くあなたの印象に影響をおよぼす。次のような情報をできるだけ多く含んでいることが望ましい。

- 名前
- 肩書き
- 部署名および大学名/勤務先研究所名（英語と母語で）
- 電話番号
- 部署の内線番号
- ホームページ、LinkedIn、勤務先施設などのリンク

アドレスのスペリングが正しいこと、部署名が正しく英語に翻訳されていることを確認しよう。

2.9 署名した後にPSなどの情報は避ける

あなたの挨拶（例：Best regards）や名前は、そこで読むことをやめなさいというメール受信者への合図だ。名前の後にPS（追伸：名前の後に置かれる本文とは切り離された情報）やその他の情報を書いても、それが読まれない可能性が大きい。

第3章 メール本文の構成

賢者の言葉

メッセージは長くなるほど誤解を生む可能性が大きくなる。

リカルド・ゼムラー（セムコSA　CEO）

＊

メッセージを受け取ったからといって自動的に私にレスポンスする義務が生じるわけではない。だから私は読まずに削除することにしている。レスポンスが欲しければ、送り主は責任を持って興味を引きつける内容を書かなければならない。メールの差出人はあなた1人だけではないことを忘れてはならない。

スチュアート・アルソップ
（アルソップ・ルイ・パートナーズ、*Fortune*誌コラムニスト）

＊

あらゆる階層の管理職が簡素な様式は素直な心の表れという観念にとらわれている。

ウィリアム・ジンサー（コミュニケーショントレーナー兼*Life*誌ライター）

＊

明解な言葉の最大の敵は不誠実であることだ。掲げた目標と本当の目標との間に乖離があるとき、人は無意識に言葉数が多くなったり言い古された表現を使ったりする。

ジョージ・オーウェル（イギリス人作家）

＊

センテンスは8語程度が最も理解しやすい。32語で読者の心は完全に離れる。最初の50語で失う読者の数は、その後の250語で失う読者の数よりも多い。

ジョン・フレイザーロビンソン（ビジネスコンサルタント）

3.1 ウォームアップ

(1)「賢者の言葉」で学んだことに基づいて、効果的なメールの書き方の要点を5つにまとめてみよう。複数の要点を1つにまとめてもよい。
(2) メールを書くとき、何か特別なフォーマットを採用しているか？　もしそうであればどのようなフォーマットか？　もしそうでなければその理由は？
(3) メールを読むとき、どのくらいの速さで読むか？
(4) メールのどの部分に最も集中するか？　結びの挨拶の後のメッセージまで含めてメールはいつも最後まで読むか？

1日の労働時間の4割をメールの読み書きに費やしている人は少なくない。メールにそれほどの時間を要するのであれば、センテンスが長くなりパラグラフが冗長にならないように、情報を理解しやすい明解な構造のメールを書いて、相手に確実に読んでもらおう。受信者の立場になって書くことが、読んでもらえるメールを書く秘訣だ。本章では次のようなことを学ぶ。

- 受信者の立場で書く
- メールの全体構成を考える
- 情報を最も明解かつロジカルに、そして文法的に正しく構成する
- 簡潔で無駄のないセンテンスを使う
- 曖昧さを避ける

3.2 相手の立場で書く方法

自分が書きたいことではなく、相手が読みたいことを書く。

まず、次のような点について考えてみよう。

- 相手に最終的に伝えたいことは何か？
- 相手はどのような人か？
- 相手はアカデミアではどのような立場の人か？　どの程度フォーマルに

メールを書く必要があるか？

- 相手はどの程度忙しいか？　どのようにすれば相手の注意を引きつけられるか？
- 相手はメールのトピックについてどの程度の知識があるか？
- 相手からレスポンスをもらうための最小限必要な情報は何か？
- 相手はなぜ自分の依頼に応えなければならないか？
- 相手にどのようなレスポンスを期待するか？

相手の立場と気持ちを理解していることが相手に伝わるように書かなければならない。依頼をしながらも、同時に相手のニーズと関心に応えられることを伝える。

相手があなたのメッセージをどのように解釈するかを考えよう。あなたのメッセージはいくとおりにも解釈される可能性はないだろうか？　相手を不愉快な気持ちにさせる可能性はないだろうか？　メールの目的は完全に明確だろうか？

また、可能なら、あなたの依頼に応えることで相手にとってどのようなメリットがあるかについても考えてみよう。

相手に何度も連絡すれば相手はあなたのメッセージの理由を分かってくれるだろうと期待してはならない。

先方の研究を批判する場合のメールの書き方は第10章を参照。

3.3　オープニングは［挨拶＋受信者の名前］で始める

メールのオープニングを簡単にHiやGood morningあるいは挨拶なしで始めては、少なくとも受信者がそのメールが自分に宛てられたものかどうかを判断することはできない。受信者は本文を開封しなくてもメールの書き出しを見ることができるので、もし自分の名前を見つけられなければ、そのメッセージは自分に宛てられたものではない、もしくはスパムメールと判断し、読まずに削除するかもしれない。

挨拶は、電話のHelloと同様に、相手に親しみが伝わる。挨拶はほんの数語でよい。相手もその挨拶を読むのに1秒もかからないので時間の無駄ではない。

しかし、もし相手と定期的にメッセージを交換しているのであれば、そしてその相手が挨拶を使わない人であれば、あなたも挨拶を省略してもよい。

3.4 最初のセンテンス/パラグラフ以外は誰も読まないと思って構わない

受信者があなたのメールをどこまで読むかは、相手があなたを知っているか、件名に記されたメール内容に関心を持つか、メールを読む時間があるか、などの状況に左右される。

いったんメールが開封されたら最初の数行は読まれると思ってよいが、それ以降が読まれるかどうかは分からない。

したがって、最初の2つのセンテンスだけで重要な依頼が届いていることが受信者に明快に伝わらなければならない。受信者が読むのは最初のセンテンスのみと想定し、効果的なメールを書こう。

3.5 受信者に自分の名前と前回会ったのはいつかを思い出させる

自分の名前と前回どこで会ったかを最初に明確にする。

> My name is Heidi Muller and you may remember that I came up to you after your presentation yesterday. I asked you the question about X. Well, I was wondering ...
> (私はハイディ・ミューラーと申します。昨日、先生のプレゼンテーションの後にXについて質問をさせて頂きましたので、覚えておられると思います。実は〜。)

または、自分の名前は伝えずに相手に思い出させる。

> Thanks for the advice that you gave me at dinner last night. With regard to what you said about X, do you happen to have any papers on ...
> (昨夜ディナーでアドバイスを頂きました。ありがとうございます。先生がお話しさ

れていたXについてですが、〜に関する論文を発表されておられたら〜。)

3.6 面識がなければメールした理由を単刀直入に伝える

メールを書いた理由を最初に説明しよう。ここでは自分の名前は伝えない。相手はメールを開封する前にすでにあなたの名前を見ていることが多いからだ。2つの例を示す。

> I would like to have permission to quote part of the experimental from the following paper. I am planning to use the extract in my PhD thesis. I will of course acknowledge the journal, the author ...
> **(以下の先生の論文の実験のセクションから一部を私の博士論文に引用させて頂けませんか？　もちろん、ジャーナル名と著者名を謝辞に入れさせて頂きます。)**

> I attended your presentation last week. Could you kindly give the link to the online version—thank you. By the way I really enjoyed your talk—it was very interesting and also very pertinent to my field of research which is ...
> **(私は先週の先生のプレゼンテーションに出席しておりました。オンライン版のリンクを教えて頂けないものでしょうか？　さて、先生の発表を楽しく拝聴させて頂きました。とても興味深く、また私の研究分野ともとても関連が深く〜。)**

重要な情報が単刀直入に述べられている。受信者が最初の2センテンスしか読まなくても、そこにすべての重要な情報が含まれているので問題はない。

しかし、次のようなメールを書いては、受信者が最初の2センテンスしか読まなかった場合、メール送信者は欲しい情報を得られないだろう。

> I attended your presentation last week. I really enjoyed your talk—it was very interesting and also very pertinent to my field of research, which is hydro-energy robotics, i.e. water-powered robots. What I found particularly relevant, and which I think our two lines of research have in common, is ... Anyway, the reason I am writing is to ask if you could kindly give me the link to the online version.

（私は先週の先生のプレゼンテーションに出席していた者です。先生の発表を楽しく拝聴させて頂きました。とても興味深く、また私の研究分野である水力エネルギー利用、すなわち水を動力源としたロボット工学とも大きな関連性がありました。特に意義深いと感じたのは先生と私の研究の共通点でもある～。さて、オンライン版のリンクを教えて頂けないものかと思い連絡をいたしました。）

My name is Ibrahim Ahmed Saleh and I am a second-year PhD student at the University of Phoenix. My current research activity can be divided into two broad areas. My first line research investigates a question of global governance ...
（私はフェニックス大学の博士課程の２年生で、イブラヒム・アフマド・サレハと申します。私の研究活動は大きく２つの領域に分かれています。最初の研究分野はグローバルガバナンスの問題を調査することで～。）

3.7 誰に宛てたメールか、何をリクエストしているかを明確にする

次のメールは明快な英文で書かれているが大きな問題を含んでいる。

Dear Sirs,

I am an enthusiastic and motivated 24-year-old Electronics Engineer with a special interest in RF. I have spent the last six months doing an internship at XTX Semiconductors Inc in Richmond. This internship was part of my Master's and regarded the characterization and modeling of a linear power amplifier for UMTS mobile handsets. While at XTX I studied linear power amplifier architectures and worked on RF measurements. I will be getting my Master's diploma in March next year. Thank you for your time and consideration.

Best regards

Kim Nyugen

拝啓
私は特にRF（高周波）に興味を持つ熱意と意欲に満ちた24歳の電子工学エンジ

ニアです。この6ヵ月間はリッチモンドのXTXセミコンダクター社でインターンを経験していました。このインターンシップは私の修士課程の一部でもあり、目的はUMTS携帯電話の線形電力増幅器の特性評価とモデル化について学ぶことでした。XTX社では線形電力増幅器アーキテクチャについて研究し、RF測定に取り組みました。来年の3月には修士課程を修了する予定です。どうぞよろしくご検討くださいませ。
敬具
キム・グエン

キムの文体は簡潔で自分の活動の詳細を明確に伝えている。しかし次の2点が不明瞭だ。

- 誰に宛てたメールか
- 何をリクエストしたいのか

キムは仕事を探しているのだろうか？　もしそうであれば、人事部長宛てに書いているのか？　それともサマースクールに申し込んでいるのか？　もしそうであれば、サマースクール担当者宛てに書いているのか？　受信者としては判然としない。

メールを書くときは、誰に宛てたメールかを常に明確にして書かなければならない。直接自分に宛てられたメールであれば、受信者の返信する意欲は大きく高まる。返信しなければならないという責任感も生まれる。単にDear Sirsで始めることは返信の可能性を自分で制限しているようなものだ。

先方の名前が分からなければ、ウェブサイトからまたは直接電話をして正確な名前を探し出すこともできる。

メールを書いた理由をできるだけ早く明確に述べなければならない。キムは次のように書き始めるべきだ。

> I am interested in applying for the post of junior scientist advertised on your website.
> （御社のウェブサイトで募集しているジュニアサイエンティストに興味を持ち、応募いたしました。）

または、

> I would like to apply for a placement in your summer school.
> (貴校のサマースクールに申し込みたいと思います。)

自分のメールは開封されて読まれるものと決めつけてはならない。インターンシップは自分のキャリアの中でも重要なステップだ。メールを出して10日経っても返事がない場合は、確認の電話を入れて問い合わせよう。

3.8 誰にメールを読んでもらいたいかを、受信者全員に明確に伝える

メーリングリストを使ってメールを送ると、多くの人が自分とは直接関係のないメールを受け取ることになる。したがって、メールの最初で誰に宛てたメールであるか、またその内容を明らかにしたほうがよい。興味のない人は読まずに済むからだ。

3.9 必要な情報だけをロジカルに配列する

次のメールはある会議のセッション主催者に宛てたものである。送り主は原稿の提出が遅れることを申し出ている。

Dear Session Organizers

At the moment we are not able to submit the draft manuscript within the deadline of 10 October for the SAE Magnets Congress.

The paper is the following:
Manuscript #: 08SFL-00975
Paper Title: Rejection System Auto-Control for a Hybrid BX Motor
Authors: Kai Sim, Angel Sito, Freidrich Sommer – University of Rochdale; Gertrude Simrac, Kaiser Ko – Mangeti Industries S.p.a.

We are very sorry but we underestimated the overall effort required to collect the results to include in the paper.

We would be very grateful to you if we could obtain a delay of a couple of weeks for the draft submission.

We are confident that we will be able to complete and submit the draft manuscript by 21 October.

Best regards

セッション担当者殿
SAEマグネット会議用の原稿についてですが、現在のところ締め切りの10月10日までに提出できそうにありません。
論文情報は以下のとおりです。
原稿番号：08SFL–00975
論文タイトル：ハイブリッドBXモーター用の除去システム自動制御
筆者：カイ・シム、エンジェル・シト、フリードリッヒ・ゾマ－ロッチデール大学：ガートルード・シムラワ、カイザー・コー－マニエッティインダストリーズ社
大変申し訳ありませんが、論文に掲載する結果データの収集に想定外の労力を要しております。原稿提出まであと2週間の猶予を頂けませんか。10月21日までには必ず原稿の作成を終えて提出いたします。
よろしくお願いいたします。

会議主催者は、会議開催までの数週間で何百通ものメールを受け取る。会議の成功はどれだけ多くの人が会議に参加するかどうかで概ね決まることを考えると、主催者は受け取ったメールはすべて読むだろう。しかし、主催者側はどの原稿を受理するべきかについて非常に厳しく判断している。会議主催者やジャーナル編集部に締め切りの延長を願い出る場合、いつまでに原稿を提出できるのかをただちに伝えなければならない。

また、自分のリクエストを伝える前に重要ではないたくさんの情報を読むことを受信者に強いるのはあまり得策ではない。上記のメールは次のように書き換えるとよいだろう。

> I would like to request a delay in submission of manuscript #: 08SFL-00975 until 21 October. I hope this does not cause any inconvenience. Best regards.
> (原稿［番号：08SFL-00975］の提出を10月21日まで延期させて頂けませんか？ ご迷惑をおかけして申し訳ありません。どうぞよろしくお願いいたします。)

このメールはやや直接的すぎると思われるかもしれないが、受信者はわずか3秒でメールが読めたことに感謝するだろう。

もう1つ例を挙げる。短いメールで、簡潔かつ直接的に要点を述べている。

> I inadvertently submitted my manuscript #08CV-0069 for the SAE Magnets Congress, as an “Oral only Presentation” instead of “Written and Oral Presentation.” Please could you let me know how I can change the status of my paper. I apologize for any inconvenience this may cause.
> (SAEマグネット会議用の原稿［番号：08CV-0069］のステータスを“文書と口頭によるプレゼンテーション”とすべきところを、うっかり“口頭でのプレゼンテーションのみ”として提出してしまいました。正しいステータスに修正したいのですが、どのようにすればよいでしょうか？　お手数をおかけしますがよろしくお願いいたします。)

3.10　オープニングとエンディングにひな型は使わない

私は本書の原稿を執筆中に、博士課程の学生、研究者、教授たちから提供していただいた約1,000通のメールを分析した。ひとつ気づいたことがある。どのメールも、メールの受信者や内容にかかわらず、ひな型をそのまま利用したような、まったく同じオープニングで始まりまったく同じエンディングで終わっていることだ。この方法のメリットは、ひな型が正しい英語で書かれていると仮定して、メールを早く簡単に書くことができることだ。デメリットは、受信者が関連性の薄い情報まで読むことを強いられることだ。

次の例は、会議参加のためにホテルを予約したある学生からのメールだ。

I'm Carla Giorgi, a PhD student from the University of Pisa, Italy.

I'm the author of a paper at ISXC16.

Yesterday, I booked my hotel room using the forms on ISXC16 website.

I'm waiting for confirmation from you.

Please could you tell me if there are some problems with my reservation, if it was not successful, and when I'll be contacted.

I apologize for my scholastic English, I hope to clearly have explained my problem.

Thanking you in advance, I look forward to hearing from you soon.

Best regards,

Carla Giorgi

私はイタリアのピサ大学の博士課程の学生で、カーラ・ジオルジと申します。
ISXC16で発表する論文の著者です。
昨日、ISXC16のウェブサイトにあるフォームを使ってホテルを予約しました。
ご確認の連絡をお待ちしています。
予約に不備があったなど、何か問題があれば教えて頂けませんか？　また確認のご連絡はいつ頂けるでしょうか？
教科書的な英語で申し訳ございません。お伝えしたいことをはっきりと説明したいと思いました。
ご連絡をお待ちしています。
どうぞよろしくお願いいたします。
カーラ・ジオルジ

イタリック体の部分は、カーラが過去に書いた別のメール（例えば、ソフトウェアのソースコードの申請、論文のコピーの依頼、サマースクールの参加申請など）からカット＆ペーストした表現のようだ。問題は、受信者が内容を理解して自分に関連があるかどうかを判断するためには最後までざっと目を通さなければならないことだ。3つ目のセンテンスから始めて5番目のセンテンスで終わればもっと簡潔なメールになる。

メールを書くときは相手にとって必要な情報だけを書こう。お互いの時間を節約することができる。

3.11 長いメールはスクロールされやすい

長いメールを書くときは、できるだけ早く相手の興味を引きつけて、相手が読みたい気持ちを失わないようにすることが肝要だ。メールの内容を要約したトピックセンテンスを書いたか、どのようなレスポンスやアクションを期待しているかを書いたか、確認しよう。

メールが長くなってしまったら、メールの始めに要点を箇条書きにして整理しよう。相手が忙しくてメールを丁寧に読んでいる時間がないときは、要点だけを読めば理解できるからだ。

受信者がメールをスクロールすることなく最後まですべての情報を詳細に読むためにも、すべての内容が相手にとって価値のある情報でなければならない。しかし、受信者がスクロールすることもあるという事実を受け入れて、読みやすくするための次のような工夫をしよう。

- 箇条書きにする
- 重要な言葉やリクエストを太字で強調する
- 余白を使って情報を区切る

次のメールは解読不可能だ。全体が1つの長いパラグラフで構成されていること、句読点の使い方が拙く内容を理解しにくいこと、余白を上手に利用していないこと、そして英語が支離滅裂であることがその原因だ。まとまりの悪い文章であり、頭に浮かんだことをそのまま書き出しただけのようだ。

Dear Kai

Yesterday, I talked to Hans and James who said maybe its ok to move the instrument for a few days but he didn't know the setting of the instrument etc that would be better to talk to other people first: Rikki and Kim. For Kim, its clear to her for us to measure using a different concentration I think she meant that "for measuring in interval of hours is possible so why we don't do this", but its clear now, that we need the first step to confirm the sensitivity of the polymer film, in any case, I can try to manage to put the film inside the multi-well and with longer cable so that sterile environment will preserved. In this way, it is possible as well moving the multi well box inside if the PQS measurement need (if the moving the PQS is so complicated). I'll keep you up to date. Regards.

カイさん
昨日、ハンスとジェイムズと話しましたが、装置を数日間移動しても問題ないだろうとのことです。しかし彼は装置の設定の方法を知りませんでしたので、他の人つまりリッキとキムに聞いてみたほうがいいでしょう。濃度を変えて測定するべきだとキムは言っていますが、その意味は、"数時間おきに測定することが可能なのでそうすればどうか"ということですが、最初のステップとして高分子フィルムの感度を確認する必要があることは明らかであり、とにかく、無菌環境を維持できるように、フィルムを長いケーブルと一緒にマルチウェルの中に置いてみます。このようにすることで、PQS測定が必要であれば（PQSを動かすことが複雑であれば）マルチウェルを箱の中で動かすことも可能です。進展があればまた連絡します。それでは。

メールを書いた後に理解しやすいかどうか見直すことは、相手に対する礼儀だ。前述のようなメールを受け取ると、ほとんどの人が頭を抱えることになるだろう。

3.12 ネガティブな内容はサンドイッチテクニックを使って伝える

サンドイッチテクニックとは、メールの内容を3部構成にすることだ。

第1部では、メールの要件をポジティブなトーンで単刀直入に伝える。可能であれば、それ以降を相手が読まなくても済むように、伝えたいことはすべて第1部に含める。

第2部はメッセージの最重要部分で、たとえ受信者を批判するときやネガティブな情報を示すときでも、簡潔かつ明快しかも自然なトーンでなければならない（第10章を参照）。

第3部では、第1部の内容に戻ってポジティブに表現する。

つまり、サンドイッチテクニックとは、トップとボトムのポジティブな表現で真ん中の“肉”を挟む構造だ。サンドイッチテクニックの使い方については10.4節と11.9節で解説している。

3.13 長いメールではロジックが失われないように、また要点を明確にするために接続語句を上手に使う

説明が長くなったら、センテンスとセンテンスをロジカルにつなぐ言葉が役に立つ（詳しくは第15章を参照）。

3.14 時差があるとき、相手が正しく日時を把握できるように配慮する

国際的に働く研究者は多くの時差に対応しなければならない。次のセンテンスでは、サーバーが何時に利用できなくなり何時から利用できるのかが明確でない。

> For maintenance reasons, the server will be not available tomorrow for all the day.
> （メンテナンスのため、明日は一日中サーバーを使用できません。）

問題のある表現はtomorrowとfor all the dayだ。今、私はこの原稿を現地時間17時のイタリアで書いている。オーストラリアではすでに明日だ。また、一日中とはいつのことだろうか？　イタリア時間か、それとも相手のいるオーストラリア時間か？

このように、プロジェクト参加者の時間帯が異なる場合、次の例のように、できるだけ具体的に表現しなければならない。

> The server will not be available from 09:00 (London time) until 18:00 on Saturday 17 October.
> (10月17日土曜日は、ロンドン時間の9時から18時までサーバーを使用できません。)

日付の表記は人によってまちまちで誤解を招きやすい。私はいつも次のように表記することをお勧めしている。

> 12 March 2024

日、月、年の順番に書く。12.03.2024と表記すると、12月3日とも3月12日とも解釈が可能だ。March 12, 2024と書く人もいるが、これは2つの数字が接近していて明確さに欠け、またコンマも必要だ。

3.15 メールは、自分や相手だけでなく第三者にとっても重要

メールを書くときは、その重要性を判断することが非常に重要だ。メールの重要性はメールによって大きく異なる。

携帯電話からメールを送信することは避けよう。携帯電話からのメールはオフィスの外で書いていることが多く、通常は、他に何かをやりながら急いで送信することが多い。何か重要なことを伝えなければならないのであれば、時間をとってコンピュータの前に座って書くことを強くお勧めする。

次の例は、メール発信者や受信者にとってというよりも、このメールで紹介されている学生にとって非常に重要だ。しかし、おそらくこのメールは書くことに1分もかけておらず、また、文法的誤りや句読点の使い方の誤りがあるのにもかかわらず、読み返すことも修正することもなく送信されている。

Dear Professor Howard

I'm Pierre Boulanger, and Iím a University of X professor. Our research interests include power electronics, energy conversion and electric motor drives design and diagnosis.

I see on your web site that you research team is interested to receive foreign students. One of my best student, Celine Aguillon, is available to come in Boston to do research activity in the fields stated above. I will sent you a short biography and a C.V. of Celine. She will be happy to work in your laboratory and finally to prepare her PhD thesis.

Im waiting for your reply.

ハワード教授
私はX大学の教授でピエール・ブーランジェと申します。私たちの研究テーマは、パワーエレクトロニクス、エネルギー変換、電気モーター駆動の設計と診断です。先生のウェブサイトを拝見し、先生の研究チームが外国からの学生を受け入れることに興味をお持ちであることを知りました。私の教え子の一人、セリーヌ・アギヨンは非常に優秀な学生で、上記分野の研究活動をするためにボストンへ赴くことが可能です。セリーヌの略歴と履歴書をお送りします。セリーヌは喜んで先生の研究所で働き、博士論文の準備をすると思います。
お返事をお待ちしています。

このメールも、本書で紹介している他のメール例と同様に実際にあったメールだ。人物名と大学名は変えている。ブーランジュ教授に返事は来なかった。ハワード教授の思いはおそらく次のようではなかっただろうか？

- この人はこのメールをわずか30秒で書いた。なぜ私が貴重な時間を割いて返事を書いたりこの生徒を受け入れるために何かしたりしなければならないのだろうか？
- このメールには多くの文法的誤りとスペルの誤りがあることを考えると、ブーランジェ教授は私の研究についてもまた生徒の研究についても興味はないようだ。英語は母語ではないとはいえ、少なくともスペルチェッカーを使うことはできたはずだ
- それに、セリーヌを私の研究室に受け入れることのメリットがまったく分からない。私のチームにとって何の役に立つのか？　セリーヌにとってのメリットはあっても、私にとってのメリットはないのではないかという印象を持っている

結果的に、セリーヌは、彼女の教授が時間をきちんと取ってメールを書かなかったために、ボストンの一流大学の教授と一緒に働くという素晴らしい機会を失った。もちろん、ハワード教授が返事を書かなかった理由は他にあったかもしれないが、重要なメールを書くときは、丁寧に書くほど望ましい結果が得られる可能性が高い。

重要なメールを書くときは十分な時間をかけること。まず下書きをして、数時間後に重要でない箇所をすべて削除する。さらに時間を置いて、追加/削除する箇所はないかを確認する。

3.16 結びの言葉

メールを受け取った人の多くが最初のセンテンスしか読まない。メール全体を読んだ人は最後に読んだ情報を最も印象深く覚えているものだ。メールの最後はポジティブなトーンで終わるように心がけよう。

次は、本文中にネガティブな内容を書いたメールの最後をポジティブなトーンで終えるときのセンテンスの例だ（建設的な批判の仕方については第10章を参照）。

> It will be great to see you at the conference.
> （会議でお会いできることを楽しみにしています。）

> Thank you so much for all your help with this.
> （ご協力いただき大変ありがとうございます。）

> I really appreciate your time.
> （お時間をとって頂き大変感謝いたします。）

3.17 本当に必要がない限り、CCに入れない

必要もない責任を共有するために、またはコミュニケーションミスの責任を追及されることを避けるために、ccの受信者の数を増やしてはならない。

3.18 添付があることをメールの本文中で明確に伝える

本文中で“添付”という言葉をはっきりと使わない限り、受信者は添付を見ないことが多い。添付への注意を喚起する表現としては次のようなものがある。

- Please find attached ...
  （～を添付しましたのでご覧ください）

- Attached is ...
  （添付は～）

- I am attaching ...
  （～を添付しました）

- You will notice in the attachment that ...
  （詳しくは添付をご覧ください）

なお、*In attachment please find* ... は正しい英語表現ではない。

第4章

適切なフォーマリティのレベルを設定し、受信者と良好な関係を構築する

メールファクトイド

その人のメールを読めば、またチャットルームでの会話を見れば、その人が男性か女性かおおよその見当をつけられるかもしれない。調査によって次のようなことが分かっている。

*

男性：答えを提示してダイアログを閉じる傾向がある
女性：質問をして提案をする傾向がある

*

男性：強く主張し、異議を唱え、下品な言葉、軽蔑や皮肉の言葉を使う
女性：戦略的に主張し、丁寧な表現を使う

*

男性：チャット上では、答えを知らないことを知られたくない
女性：チャット上では、多くの情報を共有し、知らないことがあればそれを認める

4.1 ウォームアップ

(1) 以下の例はいくつかのメールから引用した。それぞれの例のフォーマリティのレベルを考えて（中にはいくつかのレベルのフォーマリティが混在するものがある。例えば、挨拶がフォーマルで本文がインフォーマルなメールなど）、それが適切かどうかを考えてみよう。もし適切でなければ、どのように修正できるかを考えてみよう。ただし、例文中の文法と語彙に問題はない。**メール例6**には典型的なミスがあるが、それにお気づきだろうか？

メール例1

Thank you so much for offering me a place in your prestigious graduate program.

However, I regret to inform you that I am unable to go because I failed to gather enough financial support.

I really appreciate the time that you have invested in processing my application.

Thanks again for your help.

Sincerely yours,

貴校大学院への進学を認めていただき、大変ありがとうございます。しかし、残念ながら、経済的な理由から進学することができなくなりました。私の応募をご検討いただいたことに心から感謝いたします。
再度お礼を申し上げます。
ありがとうございました。

メール例2

Dear Madam or Sir,

I'm really interested in the Master's program in Innovation Management, but my undergraduate major is Advertising (Faculty of Journalism and

Communications) and I took the GRE rather than GMAT.

拝啓
私はイノベーションマネジメントの修士課程にとても興味がありますが、大学での私の専門は広告学（ジャーナリズムとコミュニケーション学科）であり、GMATではなくGREを受験しました。

メール例3

Dear Prof Smartars,

I am interested in applying for the PhD project "Do PhD programs represent a good return on public money investments?". Before starting the application process I thought it would be wise to send you my CV so that you can tell me if my profile corresponds to the type of candidate that you are looking for. If so, I would also like to have the opportunity to speak to you about the project so that I have a better understanding of it.

スマーターズ教授
私は、博士プロジェクト「博士課程プログラムには公金投資にふさわしい見返りがあるか？」に応募したいと思っています。申し込む前に私の履歴書をお送りして、私が先生の求める人材の候補であるかどうかをご判断して頂きたいと思いました。もし私に候補の資格があれば、プロジェクトをより深く理解するためにお話しできる機会を頂ければと思います。

メール例4

Thank you for your interest in my profile. I do want to get a fellowship, as I believe it's always a good point on my resume. At the same time, I would like to start working on my PostDoc project as soon as possible. Would it be possible for you to fund me for the initial period, i.e. until I get a fellowship? I know this is common practice in the US and I guess it should not be a big problem for me to get one, especially if I become part of your amazing group. Thank you very much indeed and have a nice day.

私の経歴に興味を持って頂き、ありがとうございます。特別研究員になれば履歴書でアピールできるので、資格を得たいと思っています。同時に、できるだけ早くポスドクのプロジェクトに着手したいと思っています。特別研究員資格取得までの期間を資金援助して頂くことは可能でしょうか？　アメリカでは一般的なことですし、特に先生の研究室生になれればそれほど大きな問題ではないのではないかと思っています。ありがとうございました。よい一日をお過ごしください。

メール例5

Dear Prof Brogdon,

Thank you very much indeed for your offer.

I'll be in Portugal starting September 1st, and I could come to Germany pretty much right afterwards. As Bochum and Munster are very close (I guess 30 min by train?), I thought I could also come to your lab to have an idea of the different projects that you guys are working on if you don't mind.

Thank you very much in advance,

Best regards,

ブログドン博士
お申し出に対し、大変感謝いたします。9月1日からポルトガルに滞在していますので、その後、ただちにドイツに向かうことが可能です。ボーフムとミュンスターは近いので（電車で30分でしょうか？）、もし差し支えなければ、先生の研究室に立ち寄って皆さんがどのような研究に取り組まれているか、話をお伺いできればと思います。よろしくお願いいたします。

メール例6

Dear prof

I am the Student of the Yamani School of Advanced Studies who is currently working with Professor Yamashta (Anthocyanins Project) at the Department of Biology.

As you probably remember, I asked You to have the opportunity of doing an internship at Your laboratory in Paris. What I would like to know is if I can still come to Your lab, preferably from May to July

Waiting for Your reply.

Thank You in advance.

先生
私はヤマニ大学院大学の学生で、生物学部のヤマシタ教授のもとでアントシアニンを研究しています。覚えておられると思いますが、以前、先生のパリの研究室でのインターンシップを受けたいと申し出たことがあります。今でも応募することは可能でしょうか？　5月から7月の期間を想定しています。
ご連絡をお待ちしています。
よろしくお願いいたします。

(2) 次のインフォーマルな語句をフォーマルな語句に言い換えてみよう。

1. Re your email dated …
   (～日付けのメールについて)
2. This is just to let you know that …
   (～を取り急ぎご連絡いたします。)
3. Attached is …
   (添付は～)
4. I'll call you next week to tell you what time I'll be arriving.
   (到着時刻は来週ご連絡いたします。)
5. Thanks in advance.
   (よろしくお願いいたします。)
6. Sorry that I haven't got back to you sooner.
   (返信が遅くなり申し訳ありません。)

本章では以下のような点を学習する。

- フォーマルなメールとインフォーマルなメールの主な違い
- 相手とよい関係を構築することが、有意義な出会いと共同作業に発展すること

- ✏ 英語ではyouをフォーマルな関係でもインフォーマルな関係でも使うが、相手に対して敬意を表するためには別の方法もあること
- ✏ 異文化圏の人とコミュニケーションするときの適切なフォーマリティのレベルについて

4.2 フォーマリティのレベルを設定する

メールでフォーマルな表現とインフォーマルな表現を使い分けるためのガイドラインを示す（➔2.3節）。

フォーマルな表現：センテンスを長く複雑にする

一般的に、長く、複雑な文章ほど、フォーマルになる。

インフォーマルな表現	フォーマルな表現
• ***This is to confirm*** that your abstract has been accepted for ... （抄録が受理されたことをお知らせします。）	• We ***have pleasure in confirming*** the acceptance of your abstract for ... （抄録が受理されたことをお知らせいたします。）
• ***If you*** have any questions, please let us know. （何か質問があれば、ご連絡ください。）	• ***Should you*** need any clarifications, please do not hesitate to contact us. （何か確認したいことがあれば、遠慮なくご連絡ください。）
• ***Please*** acknowledge this email. （このメールを受け取られたら、その旨ご連絡ください。）	• ***You are requested*** to acknowledge this email. （このメールを受け取られたら、その旨ご連絡ください。）
• ***Please*** could I have the report by Tuesday. （火曜日までにレポートを提出してください。）	• ***It is necessary that*** I have the report by Tuesday. （火曜日までにレポートの提出をお願いします。）

短いセンテンスの中にはインフォーマルというよりも冷たい印象を与えるものもあるので注意が必要だ。まるで電報のような文体は読者がその意味を把握できない

ことがあるので、省略せず、理解しやすいセンテンスを書くことを心がけよう。

次の例は、メール受信の確認などの簡単な要件にも、用件だけを簡潔に伝える表現から気持ちが伝わるような表現まで、さまざまな表現方法があることを示している。

> I confirm receipt of your fax.
> (ファックスを受信しました。)

> This is just to confirm that I received your fax.
> (ファックスを確かに受信しました。)

> Just to let you know that your fax got through.
> (ファックスを確かに受信しました。ご連絡まで。)

> Thanks for your fax.
> (ファックスありがとうございます。)

フォーマルな表現：助動詞を使って表現する

“要求”を丁寧かつ間接的に伝えるために、may、can、could、wouldの4つの助動詞を使って表現することが多い。次の例文を比較してみよう。

> ***May I remind you*** that we are still awaiting your report on manuscript No. 1342/2 ...
> (原稿番号1342/2についての報告をお待ちしています。よろしくお願いいたします。)
> We are still awaiting your report on manuscript No. 1342/2 ...
> (原稿番号1342/2についての報告をお待ちしています。)

> ***Can you kindly*** check with her that this is OK.
> (問題がないかどうか彼女に確認して頂けませんか？)
> Check that this is OK.
> (問題がないか確認してください。)

> ***Could you please*** keep me informed of any changes you plan to make to the presentation.
> (プレゼンテーションに何か変更を加えたいときはご連絡くださいませんか？)

Keep me informed of any changes you plan to make to the presentation.
（プレゼンテーションに何か変更を加えたいときはご連絡ください。）

Would you like me to Skype you?
（Skypeを使ってお話ししませんか？）
Do you want me to Skype you?
（Skypeしますか？）

同様に、won't be able toがcannotよりも、またwould likeやwishがwantよりもよく使われる。cannotとwantはぞんざいな印象を与える。

I'm sorry but I ***won't be able to*** give you any feedback on your manuscript until next week.
（申し訳ありませんが、お送りいただいた原稿へのフィードバックは来週までお待ちください。）

We regret to inform you that we ***will not be able to*** offer your students any special rate for attending the congress.
（誠に残念ながら、貴校の学生に会議参加の特別料金を提供することができないことをお知らせいたします。）

メールにフォーマルなトーンを与えたいときには助動詞mayがとても有用だ。

I would be grateful for any further information you ***may*** be able to give me about ...
（～については、どのような情報でも結構ですのでご提供頂ければ幸いです。）

You ***may*** also check the status of your manuscript by logging into your account at http://manuscript.zzxx.com/account.
（原稿の審査の現状については、http://manuscript.zzxx.com/accountからアカウントにログインしてご確認ください。）

To whom it ***may*** concern
（関係者各位）

May I thank you for your help in this matter.
（本件へのご支援に対し心から御礼申し上げます。）

なお、英語では、shallを使って未来に言及する表現やshouldを使った仮定の表現は、古い言葉の使い方であると同時にフォーマルな感じを与える。次の例では、最初の例文が非常にフォーマルで、2番目の例文が一般的な丁寧さだ。

> We ***shall*** give your request our prompt attention.
> = We ***will*** deal with your request as soon as possible.
> （ご依頼に対し早急に対応いたします。）

> I ***should be glad if you could*** send the file again, this time as a pdf.
> = ***Please could you*** send the file again, this time as a pdf.
> （ファイルを今度はPDFにして再送して頂けるとありがたいです。）

フォーマルな表現：名詞を使って表現する

英語は基本的に動詞を中心にした言語であり、他の多くの言語が名詞を中心に置いている。動詞より名詞の存在を大きくすると、相手との間に距離感が生まれ、フォーマルな印象を与える。

> Please inform me of the time of your ***arrival***.
> （到着時間を教えてくださいませんか。）

> Please let me know when you ***will be arriving***.
> （到着時間を教えてください。）

> To the best of our ***knowledge***
> （我々が知る限り）

> As far as we ***know***
> （我々が知る限り）

さらに詳しくは、『ネイティブが教える 日本人研究者のための論文の書き方・アクセプト術』（講談社）5.13節を参照。

フォーマルな表現：複音節の言葉を使う

一般的に、単語は音節の数でフォーマルさが決まる。音節が増えるほどフォーマルな印象を与える。フランス語、イタリア語、ポルトガル語、ルーマニア語、スペイン語の知識がある人なら、その言語で英語に似た複音節の単語（異綴同義語（いてつどうぎご））があれば、それに対応する英単語もフォーマルだと見当がつくだろう。以下にその例を示す。スラッシュの左側はフォーマルな複音節の動詞で、右側は単音節の動詞または句動詞だ。

advise / let someone know	evaluate / look into
apologize / be sorry	examine / look at
assist / help	inform / tell
attempt / try	perform / carry out
clarify / make clear	receive / get
commence / start	reply / get back to
consider / think about	require / want
contact / get in touch	utilize / use
enter / go in	

同じことが名詞、例えばpossibilityとchanceについてもいえる。

主語や他の構成要素の省略

主語や助動詞を省略したメールは明らかにインフォーマルな印象を与える。前述の電報スタイルのように、冠詞や所有格の代名詞などを省略したメールはさらにインフォーマルな印象を与える。

インフォーマル	フォーマル
• ***Been*** very busy recently. （最近とても忙しいです。）	• ***I have been*** very busy recently. （最近とても忙しくしております。）
• ***Appreciate*** your early reply. （早急にお返事いただけませんか。）	• ***I would appreciate*** your early reply. （早急にご返信いただけると幸いです。）
• ***Hope*** to hear from you soon. （早急にお返事いただけませんか。）	• ***I hope*** to hear from you soon. （早急のお返事をお待ちしています。）
• ***Speak*** to you soon. （ではまた。）	• ***I will speak*** to you soon. （ではまたお会いしましょう。）
• ***Looking*** forward to your reply. （お返事お待ちしています。）	• ***I am looking*** forward to your reply. （お返事をお待ちしております。）
• ***Will*** be in touch. （また連絡します。）	• ***I will*** be in touch. （またご連絡差し上げます。）

- ***Just*** a quick update on ...
（〜について簡単に経過を報告します。）
- Have forwarded Carlos ***copy*** of ***ppt*** to ***personal*** email too.
（カルロスの個人メールにもパワーポイントを送信。）

- ***This is just*** a quick update on ...
（〜について簡単に経過を報告いたします。）
- I have forwarded Carlos ***a copy*** of ***the presentation*** to ***his personal*** email too.
（カルロスの個人メールにもプレゼンテーション資料のコピーを送信しました。）

略語や頭字語の使用について

regardingを意味するreや銀行口座を意味するC/Aなどのように、フォーマルなメールにも使える略語もあるが、ack（acknowledge、acknowledgement）やtx（thanks）、およびrgds（regards）などのような略語は、相手に短時間で急いで書いたという印象を与えるので注意を要する。

絵文字の使用について

絵文字は明らかにインフォーマルな印象を与える。相手が先に使っている場合にのみ使うことを強くお勧めする。特に年配の世代には絵文字を嫌う人もいる。また、難しい依頼をするときの使用は避けること。以下に例を示す。

> Please could you send me the revision tomorrow :)
> （明日、修正版を送って頂けませんか？(^^)）

長文の書類を短時間で修正することを依頼するときに絵文字を使っても効果はない。そもそも相手は短時間でそのような大量の修正を行うことに気が進まないかもしれないので、逆に相手の機嫌を損ねてしまう可能性がある。

4.3 状況に合わせてフォーマルかインフォーマルかを選び、併用しない

次の例は、博士課程の学生がある教授に書いたメールだ。大部分がフォーマルなトーンで書かれているが、お互いの関係を考慮するとこれは適切だ。しかし、イタリック体の部分は非常にインフォーマルであり、トーンの設定としては不適切だ。

Dear Professor Anastasijevic,

I hope you ***have been having a really good time*** since our meeting in Belgrade. I have started to prepare for my period in your ***lab*** and first of all I'm trying to get a visa***!***

I would be very grateful if you could kindly tell me how to obtain the DS2019 document in order to request the visa.

I would like to thank you in advance and ***have a great Xmas***.

Cheers,

Lamia Abouchabkis

アナスタシイェヴィッチ教授
ベオグラードでお会いしましたが、その後いかがお過ごしですか。私は先生の研究室でお世話になるための準備を始めました。まずビザを取得したいと思います。ビザ申請に必要なDS2019文書の取得の仕方を教えて頂けませんか？　よろしくお願いいたします。それではよいクリスマスを。
さようなら。
ラミア・アブシャーキ

次は博士課程で学ぶ私の学生から来たメールだが、丁寧な英語とチャット風の英語が混在しており非常に奇妙な印象を与えている。

Dear Professor Adrian

I am pleased that you enjoyed my presentation. ***Dunno*** how useful it is.
I am happy if ***u r ok wid*** it.

Best regards

エイドリアン教授
私のプレゼンテーションを気に入って頂きありがとうございます。どれほどお役に立てたか分からないけど、気に入って頂いて嬉しい。

よろしくお願いします。

誰に宛てて書いているのかを常によく考え、相手によってトーンを書き分けなければならないことを意識しよう。

4.4 英語と母語の文体の差とフォーマリティのレベルの差を理解する

英語のインフォーマル化はいっそう加速している。次の3つの例は、18世紀後半に活躍したアメリカ合衆国建国の父の一人、ベンジャミン・フランクリンが書いた手紙から引用した挨拶だ。

> Your faithful and affectionate Servant,
> (あなたの忠誠で親愛なる下僕より)

> I am, my dear friend, Your's affectionately,
> (親愛なる友へ心を込めて)

> My best wishes attend you, being, with sincere esteem, Sir, Your most obedient and very humble servant,
> (益々のご健勝を心からお祈りいたします。あなたの最も忠実で慎ましい下僕より)

今日ではこのような表現をメールで使うと、たとえフォーマルなメールであっても滑稽な印象を与える。同じような表現は多くの言語に存在する。例えば、あるフランス人がフォーマルなメールの中で、Would you accept, sir, the expression of my distinguished salutation（私の心からの挨拶をお受け取りくださいませ。[10ワード]）と書いたり、同様にあるイタリア人がIn expectation of your courteous reply, it is my pleasure to send you my most cordial greetings（丁寧なお返事を期待して心からのご挨拶を申し上げます。[17ワード]）と書いたりすることがあるかもしれない。しかし英語ではこのような表現は尊大な印象を与えるので、I look forward to hearing from you（お返事をお待ちしております。[7ワード]）や、簡単にBest regards（よろしくお願いいたします。[2ワード]）でよい。

多くの言語が、書き言葉になると、英語以上にフォーマルになる。フォーマルさは、言葉や表現の選択も一因であるが、センテンスやパラグラフが長くなっても生じる。次の例は、研究生になることを願っているバングラデシュの学生がある教授に宛てて書いたメールだ。イタリック体で示した部分が英米人にとってはフォーマルすぎる。

Dear Professor ***Dr William*** Gabbitas,

With due respect I would like to draw your attention that at present, I am working as an assistant professor in the Department of Engineering, Islamic University, Kushtia-7003, Bangladesh. I am ***highly*** interested in continuing my further studies in the field of reducing fuel emissions. I am therefore, very much interested to continue my higher studies for Ph.D. degree in your university under your supervision. I am sending ***herewith*** my bio-data ***in favor of your kind consideration***.

I would be grateful if you would kindly send me information regarding admission procedures and financial support such as grants available from your government, university, or any other sources.

I would very much appreciate it if you would consider me for a position as your research student.

I am eagerly looking forward to your generous suggestion.

With warmest regards.

Sincerely yours

Hussain Choudhury

ウイリアム・ギャビタス教授
僭越ながらお伝えしたいことがございます。現在私はバングラデシュのクシュティア-7003にあるイスラム大学工学部で助教授として勤務しています。燃料排出量削減の分野でさらに研究を続けることに非常に大きな興味を持っており、博士号を取得するためのより高次の研究を貴大学において先生のご指導のもとで続けたいと考えています。履歴書を添付しましたので、ご検討くださいますようよろしくお願いいたします。
入学手続き、および政府や大学その他の機関からの奨学金などの経済的支援に関する情報を送って頂けませんでしょうか。
研究生としての受け入れを検討していただければ幸いです。
寛大なるご提案を心よりお待ちしております。
それではなにとぞよろしくお願いいたします。
フセイン・チョードリー

このメールは、このようなフォーマルな表現を使うことに慣れている研究者に宛てたものであれば問題はないかもしれない。しかし、例えばアメリカの教授にメールを書くときは、次のような表現がより適切だ。

Dear Professor Gabbitas

I am an assistant professor in the Department of Engineering, at the Islamic University in Bangladesh, where I am doing research into reducing fuel emissions. I would be very interested to continue my studies for a PhD under your supervision. From my CV (see attached) you will see that I have been working on very similar areas as you, and I feel I might be able to make a useful contribution to your team.

I would be grateful if you would kindly send me information regarding admission procedures and any financial support that might be available.

I look forward to hearing from you.

Hussain Choudhury

ギャビタス教授
私はバングラデシュのイスラム大学工学部の助教授で、燃料の排出量削減に関する研究に取り組んでいます。博士号取得のための研究を先生の指導のもとで続けられないものかと思っています。添付した履歴書を読んでいただければ、私が先生と同じ分野で研究をしてきたことがお分かりになると思います。先生の研究チームにきっと有益な貢献ができるのではないかと思っています。
入学手続きについて、また経済的支援があればそれもあわせて、情報をお送り頂けるとありがたいです。
ご連絡をお待ちしています。
フセイン・チョードリー

とにかく、最初に出すメールであれば、相手が自分とは異なる文化圏にいる場合には特に、フォーマルな文体で書くべきだ。とりわけ韓国や日本などの東アジアの国々では（ドイツやイタリアなどのヨーロッパの国々においても同様に）、フォーマルな文体を使う傾向がある。

4.5 何かを依頼するときは全体のトーンに注意する

誰かにメールを書く最も一般的な理由の一つは、相手に依頼したいことがあることだ。まるで注文をしているかのような直接的な印象は避けて友好的でポジティブなアプローチを取れば、その目的を達成する可能性は高くなる。次に、何かを依頼するときの、命令形を用いた非常に直接的な印象を与えるメールから、控えめで非常に丁寧なメールまで、さまざまな表現の例を示す。状況に応じて最もふさわしい表現を選ぼう。

> Revise the manuscript for me.
> （原稿を修正してください。）
> Will you revise the manuscript for me?
> （原稿を修正してくださいませんか？）
> Can you revise the manuscript for me?
> （原稿を修正してくださいませんか？）
> Could you revise the manuscript for me?
> （原稿を修正して頂けませんか？）
> Would you mind revising the manuscript for me?
> （原稿を修正して頂けませんか？）
> Do you think you could revise the manuscript for me?
> （原稿を修正して頂くことは可能でしょうか？）
> Would you mind very much revising the manuscript for me?
> （原稿を修正して頂くことは可能でしょうか？）
> If it's not a problem for you could you revise the manuscript for me?
> （お手数ですが、原稿を修正して頂けませんか？）
> If you happen to have the time could you revise the manuscript for me?
> （お手数かとは存じますが、原稿を修正して頂けませんか？）

母語を英語に翻訳するとき、母語が持っていた丁寧さが喪失する可能性がある。

したがって、母語では丁寧なメールであっても、英語に翻訳されたときに無礼なトーンが生じることがある。

もう1つの問題は、英語でメールを書いているときは、母語で書いているときよりも、誤解が生じるリスクに気づきにくいことだ。英語を母語としない多くの人にとって、英語で書くことはまるでフィルターを介して書くようなものであり、母語で書いているような実感は希薄だ。

次の例はある論文の共著者から別の共著者へのメールだ。

Here is a first version of the manuscript. Read and check everything: in particular, you have to work on the introduction and prepare Fig 1.

You should send it back to me by the end of this month at the latest.

I ask you to suggest also some referees that would be suitable for reviewing the paper.

原稿の第1稿です。全体を確認し修正してください。特に序論は入念に確認し、図1を準備してください。遅くとも今月末までに返送してください。また、査読を依頼できる方を紹介して頂けませんか？

このメールはあるイタリア人研究者がカナダ人の共著者に宛てて書いたものだ。このメールをこのままイタリア語に翻訳しても受信者が気分を害することはなく、何の問題もないのかもしれない。しかし英語では高飛車な命令口調の連続だ。メールを受け取ったカナダ人の共著者は少し驚いたかもしれないし、気分を害したかもしれない。いくつかの問題が考えられる。

命令形（readとcheck）の使用：これではメール発信者が受信者と同等の立場の共著者ではなく、まるで学生を厳しく指導する教授のような印象を与えてしまう。

have toの使用：メッセージが依頼ではなく強い命令口調で伝わる。

shouldの使用：同様に命令口調で伝わる。

このメールは次のように修正してはどうだろうか。

Here is a first version of the manuscript. Please could you read and check everything. In particular, it would be great if you could complete / revise the introduction and also prepare Figure 1.

Given that our deadline is the first week of next month, I would be grateful to receive your revisions by the end of this month.

The editor might ask us to suggest some referees to review our paper, so if you have any ideas please let me know.

原稿の第1稿です。全体をご確認後、修正すべき点は修正をお願いします。特に序論は入念な確認と修正および図1の用意をお願いいたします。締め切りは来月の第1週ですので、今月末までに修正稿を頂けたら幸いです。エディターから査読者を推薦するよう求められるかもしれません。もし誰かご存じであれば教えて頂けませんか？

しかし、依頼をフォーマルなトーンで列挙するときは、一般的には命令形で伝えるほうがより早く簡単に伝わる。次の例では最初の例文が2番目よりも適切だ。

> Attach your application form to your email.
> (申請書をメールに添付してください。)

> The application form should be attached to the email.
> (申請書はメールに添付してください。)

この方法は、依頼を列挙する前に丁寧な前置きがあれば、また、それ以降の内容が丁寧であれば、乱暴な印象を与えることはない。確信が持てなければ、pleaseを使うとよい。

4.6 相手に敬意を払い、返信を動機づける

スペルミスがあったり、SNSで使われる略語が多かったりするメールは受け入れ

てもらえないかもしれない。そのようなメールはまるで相手に、「申し訳ありません、私には他に重要な用件があり、メールのスペルミスをチェックするための時間を30秒も取ることができません」と言っているようなものだ。次の例は、昨年、私が生徒から受け取ったメールだ。

Subject: hlep with cv

Hi pfof Wallwoark

how r u? do u remember me? u said in your lessons that we could send u r cvs for correction. in attachment is mine. pls I need it for tommorow nigth if poss. thankx u.

件名：履歴書の修正
こんにちは、ウォールワーク教授
お元気ですか？　私のことを覚えてますか？　先生は、授業中に、履歴書を提出したら修正してくれるって言ってましたよね。履歴書を添付しました。できれば明日の夜までにお願いします。ありがとう。

メールは、誰に宛てて書いているか（相手の年齢、地位、国籍）を意識して、その書き方のスタイルを変えなければならない。また、相手の教授が気さくな人柄だからといって、カジュアルな文体で書いてもよいということではない。このメールは次のように修正できるだろう。

Subject: help with CV

Dear Professor Wallwork

I attended your scientific papers course last year. I am the student from Russia who told you about Russian writing style. I was wondering whether you might have time to correct my CV (see attached). Unfortunately, I need it for tomorrow - my professor only told me about it today. I know it is asking a lot but if you could find 10 minutes to correct it, I would really appreciate it.

Please let me know if you need any further information about how Russian academics write.

Best wishes

件名：履歴書について

ウォールワーク教授

私は昨年の先生の科学論文の書き方の授業を受講しました。先生とはロシア語の文章作法について以前お話ししたことがありますが、あのときの生徒です。実は添付した私の履歴書を修正して頂けないものかと思っております。ただ、指導教授から今日聞いたのですが、明日までに必要とのことです。無理を申し上げますが、10分間だけでもお時間を割いて履歴書を見て頂けませんか。

ロシア語のアカデミック文章作法について何か私にお手伝いできることがあればご連絡ください。

それではよろしくお願いいたします。

修正後のメールのよい点は、

- 以前会ったことがあることを思い出させている
- 無理な依頼をしていることを認め、協力して頂けることに対して感謝を述べている
- 好意に対するお返しとして自分ができることを申し出ている

必ずしも相手の好意に対してお返しをする必要はない。このメールは次のように修正してもよいだろう。

Subject: help with CV

Dear Professor Wallwork

I attended your scientific papers course last year - it was really useful and since then I have had two papers published. Thank you!

I seem to remember that during your course you offered to correct our CVs for us.

So, although it is a year later, I was wondering whether you might have time to correct my CV (see attached). Unfortunately, I need it for tomorrow - my professor only told me about it today. I know it is asking a lot but if you could find 10 minutes to correct it, I would really appreciate it and I am sure it would make a significant difference to my chances of getting the post.

Thank you very much in advance.

件名：履歴書について
ウォールワーク教授
私は昨年の先生の科学論文の書き方の授業を受講しました。とても勉強になりました。その後、2報の論文が受理されました。ありがとうございます。先生が履歴書の手直しをして下さると授業中におっしゃったことを覚えています。あれから1年も経っていますが、添付した私の履歴書を手直しして頂けないものかと思っております。ただ、指導教授から今日聞いたのですが、明日までに必要とのことです。無理を申し上げますが、10分間だけでもお時間を割いて履歴書を見て頂ければ幸いです。そうして頂くことできっと職を得る可能性が大きく広がると思います。
それではよろしくお願いいたします。

4.7 共通の関心事項を述べて、お互いの間に良好な関係を構築し強化する

誰かと電話で話すとき、おそらくあなたは最初にHow are you?と言うだろう。必ずしもその問いに対する答えを期待しているわけではなく、形式的に電話では会話をこう切り出す。メールでも同じようにHow are you?で始める人がいる。しかしこれも返事を期待しているわけではない。いきなり本論に入るよりも、まず親しみのこもった挨拶で始めようとしているだけだ。

もしあなたが受信者との間に良好な関係をすでに築いていれば、その相手は、そうでない相手よりも、躊躇なくあなたの依頼を実行に移してくれるに違いない。何回かメールを交換した後であれば、私なら個人的なことを書くだろう。

例えば、メールの冒頭を次のように書き出すこともできる。

Hope you had a good weekend. I spent most of mine cooking.
(楽しい週末を過ごされましたか？　私は料理作りを大いに楽しみました。)

So how was your weekend? We went swimming—we were the only ones in the sea!
(週末はいかがお過ごしでしたか？　私は海水浴に行きましたが、私たち以外に誰も海水浴客はいませんでした。)

How's it going? I am completely overloaded with work at the moment.
(いかがお過ごしですか？　私は仕事の山に埋もれています。)

あるいは、メールの後半を工夫してもよい。

Ciao from a very hot and sunny Pisa.
(非常に暑い太陽の明るいピサより)

Hope you have a great weekend—I am going to the beach.
(よい週末をお過ごしください。私は海へ行ってきます。)

このような、ちょっとしたやりとりを加えることに（そしてそれを受信者が読むことにも）時間はほとんどかからない。また、このようなコメントをすることで、メールの中で話題にする価値のある相手との共通点（料理や水泳など）が発見されるかもしれない。

このような話題は潤滑油のような役割を果たしている。もし将来的に何か誤解が生じても、相手をまったく知らない場合よりもすぐに問題は解決されて、よりよい結果が得られるだろう。

しかしやり過ぎないことが重要だ。私の同僚があまりよく知らない学生からメールをもらったが、その書き出しの一文が次のようであったと嘆いていた。

I saw your status on Facebook. It seems you had a nice time in Venice!
(Facebookで見ました。ベニスは楽しかったようですね。)

もちろん、Facebookは他人に知ってもらいたい自分の私生活を公開するためのものだが、人によっては自分のよく知らない人が自分の私生活を見てそれについて何かコメントすることを嫌がる人もいる。ストーカー行為に近い。他人の私生活は尊重すべきであり、決して侵害することがないよう気をつけなければならない。

4.8 友好的な関係を維持する

メールを書くときは、メールを受け取った人が自分の書いたメールの内容を誤解するかもしれないこと、またそれが原因で嫌な気分を味わうかもしれないことを理解して書かなければならない。メールを出す前に、誤解がどこに潜んでいるかを探してその部分を修正しよう。

次の例は受信者に不快な思いをさせることはない。

> For your reference I remind you that it is VERY important to always specify your current workstation IP address.
> （参考までに申し上げますが、あなたが現在使っているワークステーションのIPアドレスを常に指定することが極めて重要です。）

しかし、このセンテンスはいくつかの問題を抱えている。

- For your referenceという表現は、これまで反論を受けていた人が、急に攻撃的に自分の意見を述べはじめたと解釈されるかもしれない
- I remind youを現在形で使うと権威や形式を重んじるトーンが伝わり、非常に冷たく不親切な印象を与える
- VERYは大文字ではなく太字を使うことを検討したほうがよい。先生が行儀の悪い子供に向かって話しているようにも聞こえる

このセンテンスは次のように書き換えることができる。

> ***Just a quick reminder—don't forget to*** specify your current workstation IP address. Thanks!
> （確認です。現在使っているワークステーションのIPアドレスを指定することを忘れないでください。ありがとう。）

> ***I'd*** just like to remind you that the ***IP address*** of ***a workstation*** must always ***be specified.***
> （念のためお知らせします。ワークステーションのIPアドレスは常に明記しなければなりません。）

最初の例文はインフォーマルであり友好的だ。2番目の例文にはフォーマルなトーンがあるが、柔らかくするために3つの工夫が見られる。

(1) 短縮形（I'd）を使って堅苦しさを軽減している。
(2) 受動態を用いてIP addressを主語にすることで、命令的なトーンを持つyou must specifyの使用を避けている。
(3) your workstationではなくa workstationとすることで、メッセージが受信者本人に個人的に宛てられたものではないことを伝えている。

4.9 否定的な内容を伝えるときは、穏やかなトーンでアプローチする

何か否定的な内容を伝えなければならないときは、攻撃的なアプローチは避けたほうがよい（第10章を参照）。攻撃的な表現は、状況が悪化するだけで決してよくはならない。その比較を示した。

攻撃的な表現	丁寧な表現
● You have sent us the wrong manuscript. （間違って別の原稿が届きました。）	● You appear to have sent us the wrong manuscript. （間違って別の原稿が届いているようです。） ● It seems we've been sent the wrong manuscript. （間違って別の原稿が送られてきているようです。）
● I need it now. （今すぐ頂きたいです。）	● I appreciate that this is a busy time of year for you but I really do need it now. （お忙しい時期だとは思いますが、ただちにいただけると幸いです。）

- I have not received a reply to my email dated ...
(〜日付けのメールに対する返信を受け取っていません。)

- I was wondering whether you had had a chance to look at the email I sent you dated ... (see below)
(〜日付けのメール［下記参照］をご覧頂けたでしょうか？)

メールを修正して送信ボタンを押す前に、不要な箇所、特に相手を不愉快にさせるような表現はすべて削除したか確認すること。受信者は子供扱いされたくはないし、また罪悪感も覚えたくない。多くの場合、次のような表現は削除すべきだ。

This is the second time I have written to request ...
(〜をお願いするのはこれで2回目です。)

I am still awaiting a response to my previous email ...
(先日のメールに対するお返事をずっとお待ちしているのですが。)

As explained in my first email,...
(最初のメールで説明したように〜)

As clearly stated in my previous email,...
(前回のメールの中ではっきりと申し上げたように〜)

できるだけ婉曲で柔らかいトーンでアプローチし、攻撃的なトーンを抑えた前置き表現を使うこと。相手の状況に理解を示すことが大切だ。

4.10 メールの最後は親しみのこもった語句で終える

メールの最後ではさまざまな表現が使われる。特に本文のトーンが少し強すぎたと思うときは次のような表現が効果的だ。

Have a nice day.
(よい一日をお過ごしください。)

Have a great weekend.
(よい週末をお過ごしください。)

Keep up the good work.
(これからも頑張って下さい。)

4.11 簡潔で親しみのこもった依頼を行うことで共同研究につながった例

次の例は、私の生徒カティア・オランディと、ある論文の著者オラフ・クリステンセンの間で交わされた一連のメールだ。ふたりの名前と内容の一部はプライバシー保護のために変えてある。ポイントは次の3点だ。

- メールが何回も交わされるたびにフォーマルさが取れていく
- お互いの仕事と国に興味を示すことで短期間によい人間関係を構築している
- 無事に共同研究に発展しそうである

Dear Dr Christensen,

I'm a PhD Student at the Department of Engineering, at the University of Pisa in Italy.

I am doing research into energy-saving solutions for p2p overlay networks (e.g., Red BitTorrent).

I'm writing to you because I'm interested in your paper:

J. Breakwater and O. Christensen, "Red BitTorrents? The answer to everything".

I would appreciate it very much if you could send me a copy by email. By the way, I have found your previous papers really interesting; they have been a great stimulus to my research.

Thanks in advance.

Regards

Katia Orlandi

クリステンセン博士
私はイタリアのピサ大学工学部の博士課程で学ぶ学生です。P2Pオーバーレイネットワーク（例：Red BitTorrent）のための省エネソリューションを研究してい

ます。ご連絡を差し上げたのは、先生の論文 “Red BitTorrents? The answer to everything”（J. Breakwater, O. Christensen著）に興味を持ったからです。先生の論文のコピーをメールにてお送り頂ければ大変ありがたく存じます。ところで私は、先生のこれまでの論文をとても興味深く拝見いたしました。私の研究にとって大きな刺激となっています。
それではよろしくお願いいたします。
カティア・オランディ

Hello Katia

Attached is our paper which we are going to present at the Fifth International Workshop on Red Communications next June.

I see you are from Pisa ... a small but beautiful city. I have been there (to see the Leaning Tower, of course).

Let me know if you have any questions about the BitTorrent work.

Olaf

カティア
論文を添付しました。6月開催予定の第5回レッドコミュニケーション国際ワークショップで発表する予定です。ピサの出身ですね。こじんまりとした美しい街です。私も訪れたことがあります（もちろんピサの斜塔を見にです）。BitTorrentについて何か質問があれば教えてください。
オラフ

Dear Dr Christensen,

Thank you so much for your quick reply. I have already read half the paper - really useful.

Yes, Pisa is a great city, though I am actually from Palermo in Sicily. I see your work in Denmark; I was in Copenhagen this summer; it was really beautiful.

I am actually going to the Red Communications conference too! It would be great to meet up.

Ciao

Katia

クリステンセン博士
早々のご返信、ありがとうございます。頂いた論文の半分を読みました。とても勉強になります。そうですね、私はシチリア島のパレルモ出身ですが、ピサはとてもよい街です。先生はデンマークで働いておられるのですね。私はこの夏はコペンハーゲンにいました。とても美しい街でした。レッドコミュニケーション会議には私も参加する予定です。お会いできるといいですね。
さようなら。
カティア

Hi Katia

Out of curiosity I looked you up on your webpage at your department's website. You seem to have done a lot of research in the same area as our time. I was wondering whether you might be interested in working on a new project that my prof and I are setting up. In any case, let's arrange to meet at the Red C conference ... By the way, it's Olaf, I am not used to being addressed as Dr Christensen :).

カティア
少し気になって、あなたの学部のウェブサイトからあなたのページを拝見しました。私と同じ分野で多くの研究をされているようですね。もしよかったら、私と私の同僚の教授がこれから開始しようと計画しているプロジェクトに参加しませんか？　まずは、レッドコミュニケーション会議でお会いしましょう。ところで、私のことはオラフと呼んでください。クリステンセン博士と呼ばれることには慣れていませんので。(^^)

第5章 言葉の選び方、翻訳の影響、スペリング

メールファクトイド

欧州委員会（EC）は機械翻訳をずいぶん前から導入しており、一時は1年に百万ページの機械翻訳が行われることもあった。欧州連合（EU）職員の3分の1が翻訳と通訳に関連する仕事に従事していたときもあった。現在、EUの翻訳費用は予算の1％を占める。本原稿執筆時点でEUには24の公共使用言語があった。もともとEUではすべての文書が加盟国の言語に翻訳されていたが、今では時間と予算の制約があり、この特権を使っているのはごくわずかだ。EC Multilingualismのウェブサイトによれば、多言語に精通している市民が最も多い都市はルクセンブルグで、その99％が2ヵ国語以上に堪能であった。次いでスロバキア（97％）、ラトビア（95％）の順であった。

＊

エスペラント（希望する者という意味）語は、1859年にポーランドの旧ロシア領ビャウィストクで生まれたラザーロ・ザメンホフ博士によって考案された言語だ。ザメンホフは、世界中の人が1つの共通語を使うことが文化の違いを超えて世界が平和になる唯一の方法だと考えた。1887年にザメンホフはその研究を発表した。同じ時期に53の人工世界共通語が作られている。エスペラント版ウィキペディアVikipedio（eo.wikipedia.org）もあり、エスペラント会議も毎年開催されている。ウィキペディアによれば、現在エスペラント語を話せる人は250～5,000人いると推定される。

＊

悪名高き史上最悪の翻訳書の一つにNew Guide of the Conversation in Portuguese and Englishという本がある。慣用句を紹介しているこの本は1836年にフランスとポルトガルで最初に出版された。英語版の出版に際し、ペドロ・カロリノに翻訳が依頼された。カロリノは英語をまったく理解できず、もっぱら仏英辞典を使って翻訳を行った。この本の中で、a relationという言葉は男性の親族（例：父親、叔父など）に対して、またan relationは女性の親族に対して使う言葉だという解説がなされていた。実際、カロリノはその本の最初から最後まで男性名詞の前ではaを、女性名詞の前ではanを使っていた。カロ

リノは最後に次のようなコメントを記している。“We expect then, who the little book (for the care that we wrote him, and for her typographical correction) that may be worth the acceptation of the studious persons, and especially of the Youth, at which we dedicate him particularly.”（⇐英文として破綻している文章例）

*

Google翻訳は2007年に始まった。最初はフランス語、ドイツ語、スペイン語から英語への翻訳、およびその逆への翻訳だった。

5.1 ウォームアップ

次の問いについて考えてみよう。

1. 英文でメールを書くとき、正しい英語を書くことはどれほど重要か？　研究論文よりは重要度が下がるだろうか？
2. 相手は英文メールのミスには寛容だろうか？　もしそうであれば、ミスを犯しても問題はないだろうか？
3. 他の形式（レポート、小論文、エッセイ、アンケート記入）と比べて、メールでは定型表現が多いかそれとも少ないか？　それはどのような影響をおよぼすか？
4. 母語から英語への翻訳に、または自分が書いた英語を修正するために、Google翻訳を使うことにどのようなリスクが考えられるか？

本章の目的は、

- 英文を書くときに犯すミスを最小限に抑えること
- 明確で簡潔で明快な英文を書くことの重要性を理解すること
- Google翻訳を使うことのリスクとメリットを理解すること
- スペリングのチェックを忘れないこと

5.2 簡潔でシンプルな英文メールを書いてミスを少なくする

簡潔でシンプルなメールを書くことを心がけることが大切だ。次の2つの例は、ある研究所でのインターンを希望しているフランス人生徒が書いたメールだ。

修正前

Dear Professor Gugenheimer,

I am Melanie Duchenne, the french student who Holger Schmidt told you about few days ago.

Firstly, I would like to thank you for the opportunity you afford me to spend with your staff a short period, which would be extremely useful for me in order to obtain the master degree.

I have been adviced by Holger to communicate to you my preference as soon as possible, and I beg your pardon for not having done it earlier, due to familiar problems. Then, if possible, the best option for me would be a two-months period, from the beginning of june to the end of july. Waiting for your reply, I wish to thank you in advance for your kindness.

Best regards,

Melanie Duchenne

グッゲンハイマー教授
私はフランス人の学生で、メラニー・デュシェンヌと申します。私のことは数日前にホルガー・シュミットから聞かれていると思います。
まず、先生のスタッフと短期間ですが一緒に研究する機会を頂けることに感謝いたします。修士号を取得するうえで非常に効果的ではないかと思います。
できるだけ早く先生と連絡を取って私の希望を伝えたほうがよいとホルガーからアドバイスを受けていましたが、家庭の事情で連絡が遅れました。申し訳ありません。可能であれば6月のはじめから7月末までの2ヵ月間という期間が最もありがたいです。お返事をお待ちしつつ、感謝いたします。
それではよろしくお願いいたします。
メラニー・デュシェンヌ

修正後

Dear Professor Gugenheimer,

I am the French student who Holger Schmidt told you about.

Firstly, I would like to thank very much you for the opportunity to work with your team.

If possible, the best option for me would be June 1 – July 31.

I apologize for not letting you know the dates sooner.

Best regards,

Melanie Duchenne

グッゲンハイマー教授
私はフランス人の学生です。ホルガー・シュミットから聞かれていると思います。まず、先生のチームと一緒に働く機会を頂いたことに感謝いたします。可能であれば、私としては6月1日から7月31日までの2ヵ月間が最も都合がよいです。
ご連絡が遅れて申し訳ありません。
それではよろしくお願いいたします。
メラニー・デュシェンヌ

修正後のほうが簡潔で正確だ。受信者の視点に立って不要な要素はすべて削除されている。文字数を削減することでミスも防ぐことができる。以下に、オリジナル版のミス（左側）とその正しい表現（右側）を示す。

✕ 修正前	○ 修正後
few days ago	a few days ago
the opportunity you afford me	the opportunity you are giving me
obtain the master degree	to get my Master's [degree]
I have been adviced	I have been advised by Holger または Holger advised me
familiar problems	family problems
a two-months period	a two-month period

単に文字数を減らすことでこれらの問題の箇所が削除された。最初の文字を大文字にすべき単語（French、June、July）にも注意しよう。

5.3 勝手に英作文せず、相手の英語を活用する

内容を簡潔にすれば、英文のミスを犯す可能性は少なくなる。次のようなクロージングのメールを受信したとしよう。

> If we don't speak before, I hope you have a Happy Christmas!
> （少し早いですが、よいクリスマスをお過ごしください。）

送信者の挨拶の一部をそのまま繰り返せば、ミスの数を減らすことができる。

> Happy Christmas to you too!
> （よいクリスマスを！）

勝手に英作文をしてはならない。また母語の表現を英語に直訳しない。例えば、

> Let me express my warmest wishes to you and your family for a very happy Christmas and a New Year <u>full of both personal and professional gratifications.</u>
> （あなたとあなたのご家族が、プライベートでも仕事でも充実した素晴らしいクリスマスと新年を迎えられますよう心からお祈り申し上げます。）

この例はクリスマスの挨拶だが、1つ前のクリスマスの挨拶より4倍長い。英語のミスを犯すリスクが非常に大きい。長い挨拶には2つの問題がある。

- メールの最後をこのように締めくくると非常にフォーマルなトーンが生じ、奇妙な印象を与える
- おそらく母語の表現をそのまま直訳したのだろう。しかしセンテンス後半のfull of both personal and professional gratificationsは英語には存在しない表現だ（Google検索をしてもヒットしない）

送り主のメールから表現をそのままコピーして、またはそれに少し言葉を足して

挨拶の言葉を作る。次にその例を示す。

送り主の挨拶	受信者の返事
● I hope you have a great weekend. （素晴らしい週末をお過ごしください。）	● I hope you have a great weekend ***too***. （あなたも素晴らしい週末をお過ごしください。）
● Have a great weekend. （良い週末を。）	● You ***too***. （あなたも良い週末を。）
● Enjoy your holiday. （休暇を楽しんでください。）	● ***I hope*** you enjoy your holiday ***too***. （あなたもどうぞ休暇を楽しんでください。）

すべての挨拶表現が語句を少し足すだけでお返しの挨拶になるわけではない。例えば、送り主がSee you next week at the meetingという表現を使っていても、See you next week tooと返事を書くことはできない。I am looking forward to seeing you at the meeting や、Yes, I am looking forward to it、I am looking forward to seeing you againと書くべきだろう。

5.4 簡潔に正確に書く

話題を変えるときやセンテンスをつなぐときに使われることが多い表現の例を紹介する。しかし、これらの表現はbecauseで置き換えることができる。

> because of the fact that ...
> （〜という事実があるので）

> due to the fact that ...
> （〜という事実のために）

> in consequence of ...
> （〜の結果）

> in the light of the fact that ...
> （〜という事実を踏まえて）

> in view of the fact that ...
> （〜という事実を考慮すると）

次の表現はalthoughかeven thoughで置き換えることが可能だ。

> in spite of the fact that ...
> （〜という事実にもかかわらず）

> regardless of the fact that ...
> （〜という事実とは関係なく）

しかし、簡潔化と簡略化（最低限の語数のみ使用）を混同してはならない。簡略化には次の2つのデメリットがあると思われる。

- 正確さと明確さに欠ける
- 乱暴な印象を与え、丁寧かつ明確に書く時間がなかったと思われる可能性がある

簡潔な英文の書き方については、『ネイティブが教える 日本人研究者のための論文の書き方・アクセプト術』（講談社）の第5章を参照。

5.5 センテンスは短く、最も重要な情報を主語に

ネイティブスピーカーは英文を読むとき、文頭と文末の情報は丁寧に読み、中間部分は速読する傾向にあることが多くの研究から分かっている。

また、1990年代の中頃までと比較しても、現代人の読み方は大きく変化した。私たちはインターネットが発達して速読することを余儀なくされている。この手法は、ブラウジングとか、スキャニング、スキミングと呼ばれる。私たちは、メールを読んでどのようなアクションを起こせばよいかをただちに判断するためにまず情報を

把握したいと思っているので、単語一つ一つを追うことはしない。単語から単語へ、センテンスからセンテンスへ、あるいはパラグラフからパラグラフへ、私たちは求めている情報を獲得するまで視点を飛ばしながら読んでいる。何も重要なことがないと分かれば、その時点で読むことをやめる。

したがって、特に次の3点が重要だ。

- 最も重要な情報をセンテンスの主語として選ぶ
- 主語と動詞と目的語の位置を離さない
- センテンスは多くても2つの構造（前半と後半）を持つまでにとどめる。3つまたはそれ以上の構造を持てば、読者の中央部分の情報への注意がおろそかになる

次の例文は博士課程のある女子学生が書いたもので、48ワードで構成されている。3つの部分で構成されており、読めないことはない。

> I am a PhD student in psycholinguistics and one of the professors in my department, Stavros Panageas, kindly gave me your name as he thought you might be able to provide me with some data on the use of the genitive in Greek dialects of the 17th century.
> （私は博士課程で心理言語学を学ぶ学生ですが、学部のスタブロス・パナジアス教授から、17世紀のギリシャ語の方言の属格の使い方については、先生なら資料をお持ちかもしれないと、先生のお名前を教えて頂きました。）

それでもこのメールは非常に読みにくく、次のように大きな修正が必要だ。

> Your name was given to me by Professor Stavros Panageas. I am doing a PhD on the use of the genitive in Greek. Prof Panageas told me you have a database on 17th century Greek dialects and I was wondering if I might have access to it.
> （先生のお名前はスタブロス・パナジアス教授から紹介して頂きました。私はギリシャ語の属格について博士課程で研究しています。パナジアス教授から先生が17世紀のギリシャ語の方言についてデータベースをお持ちと伺いました。そのデータベースを閲覧できないものかと思っています。）

修正案の最初のセンテンスの主語が、I amからYour nameに修正されている。受

信者は、自分が最も重要なトピックであり、送信者の重要性はその次だと理解するだろう。2番目のセンテンスが送信者を明らかにするとともに、その専門分野にも言及している（それだけでパナジアス教授と専門が同じだと伝わる）。3番目のセンテンスではパナジアス教授が主語だ。しかしそれは、パナジアス教授が最も重要な情報だからではない。17th century Greek dialectsを主語にすることが不自然だからだ。このようにして、修正前のセンテンスの3つの要素が、修正後はそれぞれ独立して3つのセンテンスになった。

センテンスを簡潔にすることは、次の2つの点において重要だ。

- メール受信者は、目と頭の負荷を最小限に抑えてセンテンス中のどの情報が最も重要であるかを理解することができる
- メール送信者は、メールの不要な部分を削除して必要な情報を足すことが容易になる。この例では、メールが長すぎると思えば、さらにI am doing a PhD on the use of the genitive in Greekという表現を削除することができる。しかし、修正前のI am a PhD student in psycholinguisticsだけを単純に削除することはできない。その後に続くセンテンスも意味が通るように修正する必要がある

5.6 正しい単語の選択と正しい語順について

効果的なメールを書くための要は、言葉を最も論理的かつ文法的に正しく配列させてセンテンスを構築することだ（→**15.20節**と、『ネイティブが教える 日本人研究者のための論文の書き方・アクセプト術』（講談社）の第2章を参照）。

次の例文の語順は正しい英語の語順に従っていない。

> Your paper, which was sent to me by Wolfgang Froese, a colleague of mine at the XTC lab in Munich, was extremely useful and I would like ...
> （ミュンヘンのXTC研究所で働く私の同僚のウルフギャング・フローゼから送られてきたあなたの論文はとても価値の高い論文で、私は～。）

> Our manuscript, owing to some difficulties with our equipment due to an electrical black out caused by the last hurricane, will be delayed.
> （私たちの論文原稿は、この前のハリケーンで起きた停電が原因で生じた機器の不具合のために遅れます。）

上の2つの例文は、いずれも挿入句が主語（paperとmanuscript）と述語（wasとwill be delayed）を分離している。人はメールを読むとき、できるだけ速く簡単に情報を把握しようとする。通常、メール受信者が論文に要する注意深さでメールを読むことはない。上記の例文は次のように修正が可能だ。

> Your paper was sent to me by Wolfgang Froese, a colleague of mine at the XTC lab in Munich. I found it extremely useful and I would like ...
> （先生の論文を、ミュンヘンのXTC研究所で働く私の同僚ウルフギャング・フローゼが送ってくれました。とても価値の高い論文で、私は〜。）

> I am writing to inform you that unfortunately our manuscript will be delayed. The delay is due to ...
> （残念ながら論文原稿の提出が遅れそうです。その原因は〜。）

話し言葉と同じ語順で書いてもメールが口語的になるわけではない。不要な要素を削除するなどして再構築する必要がある。受信者に親切なメールとは、コンマを使って語句を挿入するなどの句読点の使用を最小限に抑えて、簡潔でシンプルなセンテンスを書くことを意味する。

最後に、pleaseは使い方次第ではセンテンスにまったく異なるトーンを与えることがあるので、使う位置には気をつけよう。

> Please can you let me know as soon as possible.
> （できるだけ早く教えてください。）［ニュートラルなトーン］

> Hugo please note that ...
> （ヒューゴ、〜に注意してください。）［ニュートラルなトーン］

> Please Hugo, note that ...
> （ヒューゴ、お願いだから〜に注意して。）［苛立ちが感じられるトーン］

なお、通常はpleaseの後にコンマは使わない。

5.7 曖昧さを避ける

メールを書くときは、他の重要な文書と同様の、100%明瞭かつ明快な文章を書くことを心がけなければならない。それを怠れば、メール受信者の理解は低下し、何度も説明を求められるかもしれない。

曖昧さは、次の例のように、語句の解釈が複数考えられるときに生じる。

> The student gave her dog food.

herとthe studentは同じ人物か？　つまりこの犬は生徒の犬か？　それともherとthe studentは別の人物で、その人物が彼女の犬に餌を与えたという意味だろうか？

> You can't do that.

can'tは能力がないという意味か？　それとも許可されていないという意味か？

> Our department is looking for teachers of English, Spanish, and Chinese.

この部署は各言語を話せる教師を1人ずつ3人探しているのか？　それとも、1人で3つの言語を教えられる教師を探しているのだろうか？

> The older professors and students left the lecture hall.

olderが教授だけを指しているのか、生徒のことも指しているのか曖昧だ。

> I like teaching students who respect their professors who don't smoke.

喫煙しないのは教授か？　それとも生徒か？

> Each subscriber to a journal in Europe must pay an additional $10.

in Europeはジャーナルを修飾しているか？　それとも定期購読者を修飾しているのか？

さらに詳しくは、『ネイティブが教える 日本人研究者のための論文の書き方・アクセプト術』（講談社）第6章を参照。

5.8 代名詞を使うときは、その代名詞が指す内容が100%明確であること

メールを書くときによく起こる問題の一つが代名詞（it、them、her、which、one など）の使い方だ。次に、曖昧な代名詞を含む例文とその曖昧さを修正した例文を示す。

曖昧さを含むセンテンス例①

> Thank you for your email and the attachment ***which*** I have forwarded to my colleagues.
> （メールと添付書類を頂きありがとうございます。私の同僚に転送しました。）

曖昧さの原因

which はメールと添付書類のどちらを指すか？　両方か？

曖昧さを修正したセンテンス

> Thank you for your email. I have forwarded the ***attachment*** to my colleagues.
> （メールを頂きありがとうございます。添付書類は私の同僚に転送しました。）

曖昧さを含むセンテンス例②

> To download the paper, you will need a username and password. If you don't have ***one***, then please contact …
> （論文をダウンロードするには、ユーザー名とパスワードが必要です。まだ取得していなければ、～にご連絡下さい。）

曖昧さの原因

one はユーザー名か？　パスワードか？　それとも両方か？

曖昧さを修正したセンテンス

> To download the paper, you will need a username and password. If you don't have a ***password***, then please contact …

（論文をダウンロードするには、ユーザー名とパスワードが必要です。まだパスワードを取得していなければ、〜にご連絡下さい。）

曖昧さを含むセンテンス例③

Yesterday I spoke to Prof Jones, and on Tuesday I saw Prof Smith and one of his PhD students, Vu Quach. If you want, you can write to ***them*** directly. You will find their emails on the website.
（昨日ジョーンズ教授と話し、火曜日にはスミス教授と教授の博士課程の生徒ヴ・クアックと会いました。もし連絡を取りたければ彼らに直接メールをしてみてはどうでしょう。メールアドレスはウェブサイトに掲載してあります。）

曖昧さの原因

them はSmith とVuを指すのか？　それともJonesも含めて３人か？

曖昧さを修正したセンテンス

Yesterday I spoke to Prof Jones, and on Tuesday I saw Prof Smith and one of his PhD students, Vu Quach. If you want, you can write to ***all three of them*** directly.
（昨日ジョーンズ教授と話し、火曜日にはスミス教授と教授の博士課程の生徒ヴ・クアックと会いました。もし連絡を取りたければ３人に直接メールをしてみてはどうでしょう。）

曖昧さを含むセンテンス例④

After a student has been assigned a tutor, ***he / she*** shall …
（学生の指導教員が決定した後は、その人は〜）

曖昧さの原因

he / she は学生を指すのか？　それとも指導教員か？

曖昧さを修正したセンテンス

After a student has been assigned a tutor, the ***student*** shall …
（学生の指導教員が決定した後は、その学生は〜）

代名詞をその代名詞が指す名詞に置き換えることで（太字でハイライトした箇所）、曖昧さを防いだ。

5.9 母語からの直訳ではなく英語の定型表現を使う

どの言語にもそのまま直訳して使うことができない定型表現がある。メールの内容の多くがそのような定型表現で構成されている。これらの母語の定型表現が英語ではどのような表現に相当するのかに注意しなければならない（→**第14章**）。英語のネイティブスピーカーが書いたメールは文法的に正しいと思われるので、それをもとに役に立つ表現集を作成してみるのもよい。

そのまま英語に直訳をすれば、奇妙で滑稽なトーンが生じ、素人っぽい印象を与えることがある。次にその例をいくつか示す。

日本語	英語への直訳
前略	To omit the greetings.
いつもお世話になっています。	Thank you for supporting us always.
よろしくお願いいたします。	Please kindly look after this.

英語の定型表現を使えば、少なくとも書き出しと締めくくりの英語は正しく書くことができる。メールの本文についても勝手に英作文をしないほうがよい。

英語を話せる欧米の研究者は、指導を受けている教授に対してそれほど丁寧な言葉を使わず、またメールの最後でもあまり挨拶を述べない傾向がある。Sincerely yoursなどのような表現は、英語を話すインド人には許容範囲かもしれないが、英米人にとってはフォーマルであり、古風な印象さえ与えることがある。Yours sincerelyも英米では非常にフォーマルな手紙にしか使われない傾向がある。一般的には、フォーマルな状況でもインフォーマルな状況でもBest regardsが使われる。

英語の使い方は国によって差がある。例えば、もしあなたがインドや、パキスタン、バングラデシュ、あるいはその他の国々（例：アフリカ）など、イギリスと歴史的関係の深い国出身の研究者であれば、イギリスやアメリカよりもずいぶんフォーマルな英語を使っているだろう。

以下はインド英語の例だが、インド以外の出身の人にとっては少し奇妙に感じられるかもしれない。

If my profile, prima facie matches with your requirements for a summer Intern, please revert back, so that I could furnish any more relevant information.
(もし私の経歴が一見してサマーインターンとしての要件を満たしていれば、必要な情報をさらに提供しますので、ご連絡ください。)

Looking forward to a reply in the affirmative.
(肯定的な返事をお待ちしています。)

5.10 誇張せず、誠実であること

次の例は、インターンシップの申し込みからの抜粋だ。欧米人の教授にはこの言葉遣いは、特にイタリック体の部分が、フォーマルすぎ、誇張しすぎ、誠意がないと感じられるだろう。2つのパラグラフは本質的に同じことを伝えている。

I am interested in doing a summer internship under your guidance in ***your esteemed organization*** from May–July next year with the intention of enhancing my knowledge and exploring ***my academic and intellectual interest*** so as to prepare myself for doctoral study in that particular subject.
(私は誉れ高い先生の研究室の来年5〜7月のサマーインターンシップに参加して先生のご指導を受けたいと考えています。目的は、自分の見識を広げ学問的興味と知的興味を掘り下げることで、この研究分野を博士課程で学ぶための準備をすることです。)

My purpose of writing to you is to obtain a creative, challenging and motivating internship in your research group and I am interested to pursue my summer internship under your guidance, where I can utilize my scientific and technological skills to the fullest. I am aware of the ***superior quality of research work*** at your institute.
(先生の研究グループの創造的でチャレンジ精神あふれ刺激的なインターンシップを経験したいと思い、ご連絡を差し上げました。私はサマーインターンシップに参加して先生のご指導を受けたいと考えています。自分の科学技術分野のスキルを遺憾なく発揮できると思います。先生の施設の研究の質の高さはよく存じております。)

いずれのメールも、誰か特定の人に宛てて書いたようには思われない。複数のサマースクールの主催者に同時に宛てて書いたメールの一通のようにも思われる。このような迷惑メールは(たとえ迷惑メールでなくても)目的を達成する可能性が低い。

5.11 Google翻訳に頼ることの危険

Google翻訳は、外国語の文書を短時間で書くときの素晴らしいツールだ。メール文書は多くの定型表現を含むという点で特殊であり、Google翻訳が常に進化しているとはいえ、いつも正しく翻訳できるとは限らない。

次の実験を行って、Google翻訳が正しく機能するか確認してみよう。

- Google翻訳を使ってメールを直接書いてみよう
- 挨拶文を直接英語で書く。Dear...で始まり、Best regardsで終わる
- どのような表現でもいいので、正しい表現であることが分かっている表現を英語で書いてみよう
- 母語の定型表現をGoogleで翻訳できるだろうか？　おそらく誤訳され、しかも滑稽な表現に翻訳されることだろう
- その他の表現をできるだけ短くシンプルに母語で書いてみる

2つの言語を混ぜて使っても、Google翻訳は全体を英語に翻訳する。次の例は、イタリア人研究者のシルビオが同僚のピーターに書こうとしているメールだ。シルビオは英語とイタリア語を混ぜて作文して、それをGoogle翻訳にかけた。

Dear Peter
I am writing to ask if you could controllare le mie slide. If possible, I need them entro la fine della settimana prossima.
Ti ringrazio in anticipo.
Best regards
Silvio

翻訳先言語：英語

このメールをGoogle翻訳は次のように翻訳した。

> Dear Peter
> I am writing to ask if you could ***control my slide***. If possible, I need them by the end of next week.
> I thank you in advance.
> Best regards
> Silvio

Google翻訳にかけて翻訳が出力されたら、それをコピーし、メールに貼りつけて、確認する。

上の例では、control my slideは間違った表現で、正しい英語表現はcheck my slidesとなる。このような間違いが起きた理由は、イタリア語の動詞controllareを英語に翻訳するとcontrolかcheckのいずれかであるが（すべてのロマンス語の同義語について同じことがいえる）、そのどちらが正しいかをGoogle翻訳が判断できないからだ。

slideが単数のまま翻訳された理由は、イタリア語にもslideという単語は存在するが単複同形だからだ。

I thank youという表現はThank youと翻訳されるべきところだ。削除してもよいし、シンプルにThanksでもよい。

要点をまとめると、

- 単語レベルのミスを確認する
- 母語でも使用されている英語表現が、翻訳後に英語として意味を成すかどうかを確認する
- 100％の自信を持てない表現は、言い換えるか削除する
- 正しいことが分かっている英語の定型表現は、原文入力欄に英語のまま入力する

とはいえ、たとえシルビオがGoogle翻訳を使って書いたメールを何の修正も行わずに送信したとしても、ピーターは何の問題もなくメッセージを理解したことだろう。

私も自分の生徒を対象に調べてみたが、生徒が自分で翻訳するよりもGoogle翻訳を使って翻訳を行ったほうが、ミスが少ないことが分かった。また、Google翻訳が犯すミスのいくつかは非常に明白なものであり、容易に発見することができる。

5.12 代名詞の使い方に要注意

英語は、他の多くの言語とは異なり、誰に対してもyouという言葉を使う。頭文字を大文字にしても（例：You、Your）、相手に敬意が伝わるわけではない。そもそもそのような表記は英語では存在しない。したがって、次のようなyouの使い方は間違っている。

> I believe ***Your*** paper would help me in my research. Thank ***You*** in advance for any help ***You*** may be able to give me.
> （先生の論文が私の研究に役立つと考えています。ご支援を頂けることに感謝いたします。）

A. A. ミルンの名作『くまのプーさん』の登場人物の一人クリストファー・ロビンは、かつてこう言っている。

「もし英語がもっとよくできていたら、heとsheを同時に意味する単語があったかもしれない。例えば、"If John or Mary comes, ***heesh*** will want to play tennis."という作文もできる。時間をおおいに節約することができる。」

現代英語ではtheyという単語を使うことでこの問題が解決された。アングロサクソン系の国々では、コミュニケーションを中立に保ち相手に不快な思いをさせないように、偏見のない言葉を使うことに関していくつかのルールがある。

男性代名詞は、必ずしも男性ではないかもしれない総称人称に対しては用いられない。

× 間違った使い方

- Someone called for you but ***he*** didn't leave ***his*** name.
（誰からかあなたに電話がありましたが、名前は言っていませんでした。）
- This should enable the user to locate ***his*** files more easily.
（このようにすることで、ユーザーは自分のファイルをより簡単に見つけることが可能になります。）

○ 正しい使い方

- Someone called but ***they*** didn't leave ***their*** name.
（誰からかあなたに電話がありましたが、名前は言っていませんでした。）
- This should enable ***the user*** to locate ***his*** / ***her*** files more easily.
- This should enable ***users*** to locate ***their*** files more easily.
（このようにすることで、ユーザーは自分のファイルをより簡単に見つけることが可能になります。）

この例から次のことが分かる。

- they / theirは対象が単数（例：someone、a person、some guy）の場合にも使用できる
- heの代わりにhe / she、hisの代わりにhis / herと表記することができる

最も簡単な解決策は、対象の名詞を複数形にしてtheyとtheirを代名詞として使うことだ。

5.13 スペリングと文法を確認する

次の例は、インターンシップの申し込みのメールだ。

Dear Prof Caroline Smiht,

I am student at the department of biology who is working with Professor Ihsan (Vibravoid Project). How You probably remember, I asked to You to have the opportunity of spending a period at the Your lab in Toronto. What I'd know is if I can still came to Your lab, in order to confirm the acomodation I have found in Toronto.

Waiting for Your replyThank you in advance,

Boris Grgurevic

PS I have booked my flights to get cheap ones

キャロライン・スミス教授
私は生物学部の学生で、イーサン教授のもとで研究（ヴィブラヴォイドプロジェクト）を行っています。トロントの先生の研究室で研究する機会を頂きたいとお願いしたことを覚えておられると思います。知りたいことは、まだ先生の研究室へ行けるかということですが、トロントに見つけた宿泊先を確認するために。
お返事をお待ちしていますありがとうございます。
ボリス・グルグレヴィッチ
追伸：格安航空券を手配しました。

このメールは悲劇的だ。まず、相手の教授の名前のスペルを間違えている（SmithをSmihtと書いた）。名前を間違われた教授の気持ちは否定的になり、依頼を前向きに受け入れようという気持ちにはなれないだろう。スペリング、大文字使い（youとすべきところをYouと書いた）、レイアウトなども含めて英語のミスも多い。

自分の書いた英語（特にスペリング）に間違いがないことを確認することは非常に重要だ。間違いがあれば相手に非常に悪い印象を与え、相手は、「この人物は、スペルチェックをする時間も取れないのであれば、同様にデータ処理にも時間をかけられないだろう」と思うかもしれない。

このメールは、次のように修正すれば受け入れられやすくなるだろう。

Dear Professor Smith,

We met last month when you were doing a seminar at the Department of Biology *in name of town*. I am a student of Professor Ihsan (Vibravoid Project). You mentioned it might be possible for me to work at your lab for two months this summer.

I was wondering if the invitation is still open, if so would June to July fit in with your plans? My department will, of course, cover all my costs.

I would be grateful if you could let me know within the next ten days so that I will still be in time to book cheap flights and get my accommodation organized.

I look forward to hearing from you.

スミス教授
先生とは先月［都市名］で行われた先生の生物学部のセミナーでお会いしました。私はイーサン教授のもとで学ぶ（ヴィブラヴォイドプロジェクト）学生です。先生は、私が先生の研究室でこの夏2ヵ月間研究することが可能かもしれないとおっしゃいました。
まだその可能性は残っているでしょうか？　もしまだ可能であれば、6月から7月の先生のご都合はいかがでしょうか？　もちろん、費用はすべて私の学部のほうで支払います。
安く航空券を手配でき宿泊先も予約できますので、10日以内にご返事を頂ければありがたいです。
お返事をお待ちしています。

5.14 スペルチェッカーを過信してはならない

次は、スペルミスを含む文章をスペルチェッカーにかけたものだ。スペルチェッカーは単語だけを、または文字のつながりのみを見るだけで、実際にその表現が意味を成すかまでは判断できない。

スペルチェッカーにかけた英文	その意味（英語で）
Eye halve a spelling chequer	I have a spelling checker
It came with my pea sea	It came with my PC
It plainly marques four my revue	It plainly marks for my review
Miss steaks eye kin knot sea.	Mistakes I cannot see.
As soon as a mist ache is maid	As soon as a mistake is made

It nose bee fore two long And eye can put the error rite Its rarely ever wrong.	It knows before too long And I can put the error right It's rarely ever wrong.

この例から分かるように、スペルチェッカーは次のようなメールからスペルミスを見つけることはできない。

> ***Tanks*** for your ***male***, it was nice to ***here form*** you. I was glad to ***no*** that you are ***steel whit*** the ***Instituted*** of Engineering and that they still ***sue*** that tool that I made for them, do they need any spare ***prats*** for it? I am ***filling*** quite ***tried***, ***tough*** fortunately tomorrow I'm going ***a*** way for ***tow*** weeks—I have ***reversed*** a ***residents*** in the Bahamas!
> That's all ***fro*** now, ***sea*** you soon.
> （メールをありがとう。お元気そうでなによりです。あなたが技術研究所で今もご活躍と知り、また私が作ったツールが技術研究所で今でも使われていると知り、嬉しく思いました。スペアの部品は必要ではありませんか？　私はとても疲れていますが、明日から2週間の休暇をもらいます。バハマに短期滞在のアパートを予約しています。それではお元気で。またお会いしましょう。）

もちろん、メールにスペルミスが多くても、読めない人はいないだろう。しかし、あなたの印象は悪くなる。次はある抄録からの例だ。

> The phaonmneal pweor of the hmuan mnid. Aoccdrnig to rscheearch at Cmabrigde Uinervtisy, it deosn't mttaer in waht oredr the ltteers in a wrod are, the olny iprmoatnt tihng is taht the frist and lsat ltteer be in the rghit pclae. The rset can be a taotl mses and you can sitll raed it wouthit a porbelm. Tihs is bcuseae the huamn mnid deos not raed ervey lteter by istlef, but the wrod as a wlohe. Amzanig huh? yaeh and I awlyas thought slpeling was ipmorantt!
> （人間の脳の驚異的な力について。ケンブリッジ大学が行った調査によると、単語は最初と最後のアルファベットだけが正しければ、その間のアルファベットの配列はどのような順序であろうと問題はないということが分かった。他の部分がまったくのでたらめであっても、問題なく読むことができる。なぜなら、人間の脳はすべてのアルファベットを読んでいるわけではなく、全体を見て理解しているからだ。これは驚くべき結果だ。スペリングは重要だと考えていたからだ。）

5.15 非常に重要なメールであれば、専門家にチェックしてもらう

あなたのキャリアがそのメールに懸かっているなら、ネイティブスピーカーに英語をチェックしてもらおう。

第6章

効果的な依頼メールとその返信の書き方

ファクトイド

最もよく使われる英単語の上位10位はthe、of、and、a、to、in、is、you、that、itだ。

*

Americaは199番目に最もよく使われる英単語だ。これは上位300位中唯一の国名。Indianは283位で、worldは200位。

*

mother（192位）はfather（213位）やchildren（253位）よりも頻繁に使われているが、he（11位）はshe（46位）より4倍頻繁に使われ、boy（141位）はgirl（288位）よりも2倍頻繁に使われている。

*

manとmenはそれぞれ124位と168位だが、woman（762位）とwomenは上位300にも入っていない（animal、car、important、oil、list、plantなどの単語は入っている）。

*

第1人称単数のIとmyはそれぞれ20位と81位で、his（18位）とher（62位）よりも使用頻度が低い。

*

動詞では、be（22位）、have（24位）、can（39位）の使用頻度が最も高い。

*

数詞と所有格代名詞を除外して、最も使用頻度の高い形容詞はlong（92位）とnew（102位）だ。

*

time（68位）はday（94位）やnight（258位）よりも使用頻度が高い。

*

first（83位）はsecond（274位）よりも、paper（245位）はbook（270位）よりも、home（173位）はhouse（188位）よりも、play（183位）はstudy（195位）やlearn（197位）よりも使用頻度が高いが、これは当然であろう。

＊

意外なのは、Englishが上位300位内に入っていないことだ。

6.1 ウォームアップ

次の2つのメールはある教授が受け取った依頼のメールだ。最初のメールは元教え子が書いたもので、2つ目のメールは外国に住む面識のない学生からのメールだ。2つのメールを読んで、その後の質問の答えを考えてみよう。

依頼メール1

Dear Prof Skrotun,

Could you please send me a reference letter? I am considering to apply for PhD in Management. As some universities require students to upload a reference letter, I request that you to send me a reference letter as soon as possible.

スクロトン教授
紹介状を書いて頂けませんか？　私は経営学の博士課程への進学を検討していますが、いくつかの大学が紹介状をアップロードすることを求めています。できるだけ早く紹介状を書いてください。

依頼メール2

Dear Prof

I am Amit Khan and I would like to apply for the Master's program in Business Informatics at your esteemed university for next winter semester. I am very much interested in this program. So I hereby send you my passport, CV, degree certificate, academic transcripts, motivational letter.

So, please find the attached documents and do the needful. Thanking you.

教授
私はアミット・カーンと申します。貴大学の経営情報学部の修士課程プログラムにとても興味を持っており、来年の冬季セメスターに応募したいと思っています。パスポートの写し、経歴書、卒業証明書、成績証明書、志望動機を添付しました。添付書類をご一読のうえ、よろしくお願いします。ありがとう。

質問

1. 一般的に教授は1日に何通のメールを受け取っているだろうか？
2. 教授は依頼を喜んで引き受けたいと思うだろうか？
3. 上の2つの例では、教授はどのような対応をしただろうか？
4. どのくらいの時間をかけてこれらのメールを学生は書いたのだろうか？
5. 2つ目の依頼メールでは米国にも英国にも存在しない英語表現が使われている。それはどの表現か？
6. 教授から確実にレスポンスをもらうためにはメールをどのように修正したらよいだろうか？

研究者が書くメールの2つの典型が、(1) 依頼メールと、(2) 受け取ったメールに返信していなかったことへのお詫びのメールだ。あなたの依頼事、例えば、インターンシップの申し込み、サマースクールの申し込み、論文の推敲校正の依頼など、これらを依頼するメールの多くが自分のキャリアに大きな影響を与える可能性がある。したがって、依頼の内容は明快かつ簡潔、しかも早急にアクションを取りやすい内容でなければならない。同様に、依頼に返信するメールにも正確さと明瞭さが求められる。

本章では以下の内容を学ぶ。

- 依頼のメールをいかに明瞭簡潔に構成するかで、自分の依頼が受け入れられるかどうかが決定する
- ナンバリングと余白を上手に使って書くことで、相手は正しい情報を提供しやすい
- 自分の依頼を書くだけではなく、相手の考えに理解を示す
- 相手のメールの中に返事を挿入することで、英語のミスを防ぐことができる

6.2 依頼内容を分かりやすくレイアウトする

次のメールは会議への参加申し込みのメールだが、残念ながら、注意深く読まないとその内容を把握することはできない。

Dear Secretariat of the 5th XTC Ph.D. Symposium,

My Supervisor and I would like to register for the XTC Symposium but we couldn't find any registration form in your website. I would be very grateful to you if you could suggest me the best way to register for the event. Moreover, would it be possible to pay the registration fee by credit card? Finally, is the preliminary program available for download?

Thank you very much in advance for you kind cooperation.

Best regards

第5回XTC博士シンポジウム事務局御中
私と私の上司はXTCシンポジウムへの参加を申し込みたいと思っていますが、ウェブサイトからの申し込み方法が分かりません。申し込み方法を教えて頂けませんか？　また、費用をクレジットカードで支払うことは可能でしょうか？　最後に、事前プログラムの資料はダウンロードして入手可能でしょうか？
ご協力ありがとうございます。
それではよろしくお願いいたします。

このメールは次のように修正できる。

Dear Secretariat

Please can you answer the following questions:

1. how can I register for the 5th XTC Ph.D. Symposium?
2. can I pay by credit card?
3. where can I download the preliminary program?

Best regards

事務局御中
いくつか確認したいことがあります。

1. 第5回XTC博士シンポジウムの参加申し込み方法を教えて頂けませんか？
2. クレジットカードでの支払いは可能でしょうか？
3. 事前プログラムの資料はどこからダウンロード可能でしょうか？

よろしくお願いいたします。

単にリンクを発見できないのであれば、あるいはそのリンクにアクセスすれば自分の疑問がすべて解決するのであれば、次のように質問すればよいだろう。

> Please can you send me the link for registering for the 5th XTC Ph.D. Symposium. Thanks.
> （第5回XTC博士シンポジウム参加申し込みのためのページのリンクを教えて頂けませんか？　よろしくお願いいたします。）

次のメールは米国の大学のインターンシップに申し込みを済ませた学生が書いたものだ。学生は現在、事前の事務手続きを案内してくれる事務局の担当者とやり取りを行っているところだ。

Dear Ms Jackson,

I apologize for my late reply, at the moment I am still waiting for the funding letter. Please find attached to this e-mail the DS 20-19 form, duly filled in with all my personal details. As far as the copy of my passport is concerned, I am sending you a copy of my old one, but please note that I need to apply for a new electronic passport complying with the US foreign passport requirements. I will send the application for my new passport this week and start with the visa procedure as soon as I can. I will keep you up to date with the progress of my visa application.

I would be grateful if you could provide me some advice on accommodation, since I am now also trying to look for somewhere preferably within walking distance of the department. I hope you have completed the XTC poster, sorry again for my late reply to your last e-mail. I hope this hasn't caused you any problems.

Best regards

ジャクソン様
返信が遅れました。申し訳ありません。現在、財政支援証明書の到着を待っているところです。DS 20-19申請書類を添付しましたのでご確認ください。私の個人データを入力しました。パスポートのコピーですが、お送りしたのは古いパスポートのコピーです。米国外国人パスポート申請の要件に従って新しい電子パスポートを申請しなければなりなせん。その申請は今週中に行い、ビザの申請も早急に行います。ビザ申請の進捗については追ってご連絡いたします。
さて、宿泊施設に関してアドバイスを頂けませんか？　できれば学校から徒歩圏内が希望です。XTCのポスターの準備は無事に済んだでしょうか。メールへの返事が遅くなり、本当に申し訳ありません。ご迷惑をおかけしていなければいいのですが。
それではよろしくお願いいたします。

このメールは内容が整理されておらず、ジャクソンはなぜ自分の上司がこの生徒のインターンシップ申請を受理したのか不可解に思ったことだろう。このメールは次のように修正すれば分かりやすい。

Dear Ms Jackson,

I just wanted to update you on my progress with getting all the documents ready.

・DS 20-19 form: see attached.
・Passport: I am attaching a jpg of my passport; however, tomorrow I will apply for a new electronic passport in order to comply with the US foreign passport requirements.
・Visa: I made the application three weeks ago, I hope to have some news by the end of this week.
・Funding letter: I should have this ready early next week - thanks for your patience.

Just a couple of other things: 1) Do you have any suggestions for finding accommodation within walking distance of the department? 2) Did you manage to complete the XTC poster?

Thank you.

I am very sorry it has taken me so long to get back to you, but bureaucracy in my country is a nightmare!

Best regards

ジャクソン様
申請書類の準備状況についてご報告いたします。

- DS 20-19申請書類：添付をご確認ください。
- パスポート：JPGファイルを添付しました。ただし、明日、米国外国人パスポート申請の要件に従って新しい電子パスポートを申請する予定です。
- ビザ：3週間前に申請しました。今週末には何らかの連絡があると思います。
- 財政支援証明書：来週早々に入手できると思います。もうしばらくお待ちください。

それから、学校から徒歩圏内にある宿泊施設で紹介して頂けるところはありませんか？　また、XTCポスターの準備は無事に終えられたでしょうか？
返信が遅れて大変申し訳ありません。私の国のお役所仕事は時間ばかりかかりすぎて困っています。
それではよろしくお願いいたします。

修正版のメールを書くには2倍の時間がかかるかもしれない。しかしそれだけの時間をかけることで、効率と簡潔さを重んじる自分の姿勢をジャクソンに印象づけることができるだろうし、宿泊施設を探すうえでジャクソンの支援を得られる可能性は大いに高まるだろう。あなたが相手を助けようと試みたことをはっきりと示せば、相手はあなたを助けたくなるものだ。このメールの場合、学生がメールの中ですべてを明確に説明したことで、ジャクソンは仕事が大いにやりやすくなった。

6.3　相手があなたの依頼事の重要さを理解できるとは限らない

誰かにプロジェクトへの協力を依頼するとき、なぜ協力を求められているのか、相手がその理由を理解できるとは限らない。どのような依頼であるかを伝え、依頼内容とその理由を論理的に説明しよう。

例えば、論文の共著者の一人が英語のネイティブスピーカーであるとして、その人に論文の校正を申し込みたいとしよう。次のようなメールでは不十分だ。

Dear Katie

Would you mind reading through the paper and making corrections using 'Track Changes' on Word?

Best regards

Natacha

ケイティ
論文を読んで、Wordの変更履歴機能を使って校正して頂けませんか？
よろしくお願いいたします。
ナターシャ

このメールを次のように修正した。比較してみよう。

I was wondering whether you could do me a favour.

The paper we co-wrote has been accepted for publication, but subject to a review of the English language.

I contacted a professional editing agency, but they want 375 euros to do the job, which to me seems a little excessive.

Would you mind reading through the paper and making corrections using 'Track Changes' on Word?

As you can imagine, research funds here in Spain are very limited, so anything you could do to help would be much appreciated.

一つお願いしたいことがあります。

共同執筆した研究論文が受理されたのですが、英語の校正を受けなければなりません。
専門の校正会社に打診したところ、375ユーロが必要と言われました。しかしこれは少し高すぎます。
そこで、論文を読んで頂き、Wordの変更履歴機能を使って校正して頂けませんか？
ご想像いただけると思いますが、スペインでは研究資金が非常に限られています。
ご協力のほど、なにとぞよろしくお願いいたします。

修正後では以下の内容が改められた。

- 状況説明 — 論文が受理されて、英語の校正を受ける必要があること
- 問題を修正するために行ったこと — 校正会社にコンタクトしたこと
- 問題を解決できなかった理由 — 費用が高すぎた
- 依頼内容
- 依頼内容の重要性

書き出しを次のように変更してもよいかもしれない。しかし、誰かに何かを依頼するにはやや回りくどい表現だ。

> I have some good news - our paper has been accepted for publication!
> (よい知らせがあります。私たちの研究論文が受理されました。)

6.4 相手の状況を強調、または相手を褒めて、相手が返事をしやすいようにする

もしあなたが相手の状況に理解を示したり相手のスキルを評価したりすれば、ほとんどのメール受信者が喜んで協力してくれるだろう。次の表現は、返信したいという気持ちを相手に引き起こすためにメール送信者がよく使う表現だ。

> I know that you are very busy but ...
> (とてもお忙しくされているとは存じますが、〜)

Sorry to bother you but ...
（お邪魔して申し訳ありませんが、～）

I have heard that you have a mountain of work at the moment but ...
（現在非常にお忙しくされていると伺っておりますが、～）

Any feedback you may have, would be very much appreciated.
（どのようなご意見でもお伺いできれば幸いです。）

I have an urgent problem that requires your expertise.
（先生の専門知識をお借りしたい緊急の問題があります。）

I really need your help to ...
（先生に至急に支援して頂きたい件があります。）

I cannot sort this out by myself ...
（自分では解決できない問題があります。）

6.5 必要な情報をすべて提供する

研究室で学びたいという内容の依頼をするときは、あなたを迎え入れることの可否を判断するために必要な情報をすべて先方に提供する必要がある。次のメールは学生を迎え入れたくなるよい例だ。

Subject: Laboratory placement - Prof Shankar's student

Dear Professor Janson

I am a PhD student at the University of X. I attended the ACE-Y conference last week and I found your seminar very interesting, the part about the finite element formulation was particularly useful.

I saw on your webpage is it possible to have a placement period in your lab. It would be a real pleasure for me to join your research group and do some further research into the formulation of an efficient finite element for the adhesive layer.

My research covers almost exactly the same topics:

1. FE calculations of complex bonded structures
2. Efficient techniques to reduce d.o.f
3. Enhancing adhesive strength

The area where I think **I could really add value would be in enhancing adhesive strength**. I have attached a paper and some recent results, which I hope you will find both interesting and useful. I believe my approach could work in conjunction with yours and really improve efficiency.

If it would suit you, I could come from April next year, for a 3–6-month period. I would be able to get funding from my university to cover the costs of a placement period, so I need no grant or scholarship.

Please find attached my CV with the complete list of my publications and a letter of recommendation from my tutor, Professor Shankar.

Thank you in advance for any help you may be able to give me.

Mercedes Sanchez Tirana

件名：研究室留学について　—　シャンカール教授の生徒より
ジャンソン教授
私はX大学の博士課程で学ぶ学生です。先週のACE-Y会議に参加し、先生のセミナーをとても興味深く拝聴いたしました。特に有限要素定式化は勉強になりました。
先生のウェブページを見て先生の研究室で一定期間のプレースメントの機会があることを知りました。先生の研究チームの一員となり、接着層のための効率的有限要素の定式化について研究を深めることができればこのうえもない喜びです。
私の研究テーマは先生とほぼ同じです。具体的には、

1. 複雑な結合構造のFE計算
2. 自由度を減らすための効率的テクニック
3. 接着力の向上

接着力の向上の分野では大きく貢献できると思っています。参考までに、論文1報と最近の成績を添付しました。私の研究はきっと先生の研究とうまく連動して効率を向上させることができると考えています。
もし採用して頂ければ、来年の4月から3~6ヵ月間滞在することが可能です。プ

レースメント期間中は現在の大学から財政支援を受けられますので、助成金や奨学金は不要です。
添付の履歴書、発表論文リスト、シャンカール教授からの推薦状をご覧ください。
それではよろしくお願いいたします。
メルセデス・サンチェス・ティラナ

メルセデスはメールを次のように構成している。

- 自己紹介およびジャンソンを知った経緯
- ジャンソンのセミナーへの称賛
- ジャンソンにメールを書いている理由
- 自分とジャンソンの研究分野が大いに共通すること
- 自分がどのように貢献できるか — ジャンソンはこのメールが読むに値するかどうかを判断するために素早く目を通しているだけかもしれないので、太字を使ってジャンソンの注意を引きつけようとしている
- 研究滞在の開始希望日および財政支援を得ていることを伝えている
- 履歴書やその他の情報を添付して、自分がジャンソンのチームにとって役に立つ人材であることを示そうとしている
- 指導教授の名前を伝える（ジャンソンは文献上その名前を知っているかもしれない）

またメルセデスは、ジャンソンがメールを読みたくなるように、内容が伝わってくる件名をつけている。

6.6 面識のない相手には添付書類を送らない

次のようなメールを歓迎しない人もいる。

- 面識のない人から添付書類を受け取ること
- 導入が長いメール

もしメルセデス（➔**6.5節**）が添付書類を送ることを避けたければ、...really

improve efficiency. のセンテンスの後に次のように続ければよいだろう。

In addition, I could send you my CV with the complete list of my publications and a letter of recommendation from my tutor, Professor Shankar.

If it would suit you, I could come from April next year, for a 3–6-month period. I would be able to get funding from my university to cover the costs of a placement period, so I need no grant or scholarship.

I look forward to hearing whether you think a collaboration would also be of benefit to you and your team.

Mercedes Sanchez Tirana

また、履歴書、発表論文リスト、シャンカール教授からの推薦状をお送りすることもできます。もし採用されれば、来年の4月から3~6ヵ月間滞在することが可能です。プレースメント期間中は現在の大学から財政支援を受けられますので助成金や奨学金は不要です。一緒に研究を行うことが先生のチームにとってもメリットがあるとお考えかどうか、ご連絡をお待ちしています。
メルセデス・サンチェス・ティラナ

修正のポイントはこうだ。

- 添付書類を削除し、必要な書類は後日送付できることを言い添えた
- いつから研究滞在を開始できるか、またジャンソンからの財政支援は不要であることへの言及はそのまま維持した
- ジャンソンの研究チームへのメリットに言及した

6.7 相手が依頼内容を評価するために必要な情報をすべて提供する

もし6.5節で解説したような重要な内容の依頼を行うのであれば、相手があなたの依頼内容を評価するために必要な情報をすべて提供することが非常に重要だ。

インターンシップを経験することであなたの将来が大きく切り開かれる可能性がある。先方に受け入れてもらうために次のような情報提供を行うことはよいことだ。

- 自分が科学的に証明しようとしていることの詳細を送る。他にも共同で取り組めそうな分野があれば提案する
- 先方に赴く希望日および候補日を伝える
- 財政的な支援が必要かどうかをはっきりと伝える
- 指導教授からの推薦状を送る
- 他の知人からの紹介状を送る

一緒に研究したいというあなたの強い気持ちを伝え、先方に余計な心配や負担をかけないように必要な情報をすべて提供しよう。

6.8 論文をレビューしてもらいたいときの依頼内容は明確に

論文を非公式にレビューしてもらいたいときは、まず丁寧に依頼することが重要だ。

次に、自分が期待することを100%明確に伝えること。Please could you revise my manuscript. などと曖昧に書いてはならない。相手にはあなたの研究のすべてに目を通す時間がないかもしれないので、どこに着目してほしいかをはっきりと伝える必要がある。次の例を見てみよう。

Dear Carlos

I hope all is well with you.

I am currently working on a paper that I would like to submit to the journal's special issue for the conference. The paper is the extension of the work that I presented as a poster during the conference, which I think you saw. The draft is still at quite an early stage, but I would really appreciate your input.

I know that you have a lot of expertise in this area and I am sure my paper would really benefit from your input. In any case, I have what I think are some really important new results, so I hope that you will find this paper of interest too. Obviously, I don't want to take up too much of your time, so perhaps you might just focus on the Discussion and Results. Also, if you could quickly browse through the Literature Cited to make sure I haven't missed any important papers (yours are all there by the way!).

The deadline for submission is on Oct 10, so if you could get your revisions back to me by the end of this month (i.e., September) that would be great.

I do appreciate the fact that you must be very busy, so please do not hesitate to let me know if you don't have the time.

Thank you very much in advance.

Maria

カルロス
いかがお過ごしですか？
私は現在、学会誌の特別号に発表する論文を書いています。学会で私がポスター発表した研究をさらに進化させたもので、あなたも見られていると思います。原稿はまだ初期段階のものですが、ご意見を頂ければ幸いです。
あなたがこの分野の専門知識をお持ちであることは存じております。ご意見を頂くことで私の論文はさらに質の高いものになると確信しています。特に、この論文ではいくつかの重要な新しい研究結果を発表しており、きっと興味深く読んで頂けるのではないかと思います。しかし、あまり時間をかけてもらうのも申し訳ありません。考察と結果だけを見て頂けませんか？　また、参照論文にざっと目を通して頂き、重要な論文を忘れていないかの確認をして頂ければありがたいです（もちろんあなたの論文はすべて参照しました）。
提出の締め切りは10月10日ですので、今月（9月）末までに見て頂けませんか？
お忙しくされていると思います。もしレビューする時間がなければ遠慮なくその旨ご連絡ください。
よろしくお願いいたします。
マリア

マリアの取ったメール戦略を見てみよう。

- どのような論文か、また、どの段階の論文かを手短に説明している
- 自分にとってのメリットだけでなく、相手にとってもメリットがあることを述べている
- 相手の専門知識についても述べている
- 論文のどこを最も注意して見てほしいかを具体的に伝えている
- いつまでにレビューを終えてほしいかを伝えている（Please could you return it at your earliest convenienceなどのような曖昧で形だけの表現の使用は避けている）
- 相手が忙しくしていることを認めている
- 無理をしてまで自分の依頼を受け入れる必要はないことを断っている

これで相手は、この依頼を受け入れるべきか拒否するべきかの判断に必要なすべての情報を得ることができており、不明な点の説明を求める必要はない。

もし相手のことをよく知らなければ、相手の迷惑にならないように気をつけなければならない。そのような場合、依頼を拒否してもよいことを相手に次のように伝えよう。

> I appreciate that this must be a busy time of year for you, so please feel free to say “no.”
> （今が最も忙しい時期だと思います。ご都合が悪ければ遠慮なくその旨ご連絡ください。）

> I imagine that many people ask you for help in editing their draft manuscripts, so don’t hesitate to let me know if you are overloaded with requests.
> （論文原稿の校正の依頼が多いのではないかとお察しいたします。そのような場合、ご迷惑をおかけしないためにも、その旨を遠慮なくご連絡ください。）

6.9 情報は文字の塊で提示せず、内容の解釈をすべて読み手に委ねない

次の例ではメールの送り主がある製品の情報を求めている。しかし、返信してもらえる可能性が大きく損なわれている。というのも、相手がほとんど関心を持てな

いほどの大量の情報を塊にして書いているからだ。相手が必要としている情報は正確な依頼内容だ。

Dear InIt Pipes Inc,

I'm Dr Maria Masqueredo and I work as a researcher at the Department of Engineering of the University of *name of place*. I am currently working on a project that entails the use of shape memory alloy tubes and a colleague of mine referred me to your website where I found a few examples that might satisfy my requirements. Essentially, I need shape memory alloy tubes (not superelastic alloys). The transformation temperature is not a critical parameter (Af = 70∞C or more would be adequate). What is really important is that the ratio between the internal diameter, di, and the external diameter, de, must be near the value of 0.7–0.8. The external diameter can be 1.5 mm or more (not exceeding 12 mm). Do you have any product able to satisfy my constraints? Can you send me an estimate for 5 m of your products? By the way I found a mistake in one your product descriptions, under "steel tubes" I think it should say "alloy" rather than "allay".

Thank you in advance for any help you may be able to give me.

Best regards

インイットパイプ社御中
私はマリア・マスカレードと申します。[都市名] 大学の工学部に研究者として勤務しています。現在、形状記憶合金チューブを使ったプロジェクトに取り組んでいます。私の同僚が御社のウェブサイトを教えてくれたのですが、私の希望する要件を満たす製品がいくつかあるようです。探しているのは超弾性合金ではなく形状記憶合金チューブです。変態温度は重要なパラメータではありません(Af=70∞C以上であれば十分です)。重要なことは、内径と外径の比率が0.7~0.8前後でなければならないことです。外径は1.5ミリ以上でも構いません(12ミリが上限です)。これらの条件を満たす製品があれば、5メートルのチューブの見積もりを送って頂けませんか?　ところで、御社の製品説明の中に誤記を1ヵ所発見しました。鋼管の見出しの下ですが、alloyと表記するべきところがallayになっています。
それではよろしくお願いいたします。

このメールは次のように修正すべきだろう。

Hi

Do you have a shape memory alloy tube with the following characteristics?

1. transformation temperature of Af = 70∞C or more
2. ratio between the internal diameter and the external diameter must be 0.7–0.8
3. external diameter in a range from 1.5 mm to 12 mm

If so, please could you send me an estimate for a 5-m tube.

Thanks in advance.

Maria Masqueredo

突然のメールで失礼します。
御社では次のような特徴を持つ形状記憶合金チューブを取り扱っていますか？

1. 変態温度がAf = 70∞C以上
2. 内径と外径の比率が0.7～0.8
3. 外径が1.5ミリ～12ミリ

これらに該当するものがあれば5メートルのチューブの見積もりを送って頂けませんか？
よろしくお願いいたします。
マリア・マスカレード

修正前のメールでは、マリアはメール受信者のことをあまり考えていない。思いついたことをそのまま書いただけであり、内容の解釈についてはメール受信者に任せている。メール受信者に対応する時間があれば返事が返ってくるだろうが、時間の無駄、費用対効果もないという理由で後回しにされるか削除される可能性も高い。

6.10 依頼は1件にしぼるべきか、複数の依頼をするかどうかを判断する

もし依頼したいことが1件であれば、しかもそれが特に重要であれば、それだけを依頼すればよい。メールに1件の依頼しか書かれていなければ、相手の対応は単純で、無視するか依頼に応じるかのいずれかだ。依頼事が少ないほど目的を達成する可能性は高くなる。

一般的に、人は、1通のメールで複数の依頼を受け取ると、そのうち最も対応しやすい依頼に応じ、その他の依頼を無視しがちだ。

6.11 複数の依頼を行うときは、メールの最後で要件をまとめる

多くの人は受け取ったメールを1回しか読まないので、メールを読み終えたときには前半部分に書いてあった依頼内容を忘れているかもしれない。したがって、覚えている依頼または対処しやすい依頼に対してのみ応じるかもしれない。箇条書きにしても、スペースを活用して依頼内容を明確に分けて書いても、このようなことは起きる。

次のメールを例にして、返事をもらう可能性を高めるための2つのテクニックを紹介しよう。

Dear Dr Suzuki

I hope you had a good summer. I have three short requests that I hope you might be able to help me with.

REQUEST 1
Do you have any openings for PhD students in your laboratory? I have one truly excellent candidate whose CV I have attached. She has a lot of experience in your field and she also speaks some Japanese.

REQUEST 2

When we met before the summer vacation you told me that you were getting some interesting results in your experiments. I was wondering if you had now completed testing and whether you would be willing to share those results with me.

REQUEST 3
At my department we are planning a series of workshops on XYZ in November this year. Given your international reputation and your expertise in the field, I was wondering whether you might be interested in giving a series of seminars. Your travel and accommodation expenses would of course be paid for by my department.

Summary:

1) Internship for PhD student?
2) Your results
3) Seminars in November

I look forward to hearing from you.

鈴木先生
素晴らしい夏を過ごされたことと存じます。ご検討頂きたいことが3件ありご連絡しました。
依頼1：
先生の研究室では博士課程の学生を募集されていないでしょうか？　非常に優秀な学生がいますので紹介します。履歴書を添付します。先生と同じ専門分野で経験が豊富で、日本語もある程度は話せます。
依頼2：
夏季休暇前にお会いしたときに、先生は興味深い実験結果が得られそうだとおっしゃっていました。その実験はもう終わられたでしょうか？　もしそうであれば結果を共有して頂けないでしょうか？
依頼3：
私の学部ではXYZのワークショップを今年の11月に何回か開催することを計画しています。この分野における先生の国際的な名声は高く、また専門知識も豊富でいらっしゃいますので、セミナーにご興味がおありかもしれないと思いました。もちろん出張費は私の学部からお支払いします。
要点を整理しますと、
1）博士課程の学生のインターンシップについて
2）先生の実験の結果について

3）11月のセミナーについて
ご連絡をお待ちしております。

このメールには次の2つのテクニックが使われている。

- それぞれの依頼の前に数字を使った見出し（依頼1、依頼2、依頼3）をつけ、さらにそれを大文字にして目立たせている
- メールの最後ですべての依頼事項を要約している

一般的には、上の例のようにある程度短いメールであれば、2つのテクニックのうちどちらか1つを使えばよい。しかし、メールが長く、画面をスクロールしなければならないときは、メールの最後で要約することで、相手があなたの依頼のすべてに応えてくれる可能性が高まる。また、要約することで、相手は依頼に対する回答をそれぞれの依頼の下に挿入して示すことが可能になる。

6.12 複数の依頼を行うときは、一つ一つの依頼内容を明確に書く

1つのメールで複数の依頼を行わなければならないこともある。例えば、会議やサマースクールや製品情報などの詳細を尋ねるときがそうだ。このような場合、著名な教授の研究室でのインターンシップといった重要な情報を求めているのではなく、あまり手間をかけずに応じてもらえる依頼を申し込んでいるので、複数の依頼を申し込んでも何の問題もない。しかし、メールの構成に細心の注意を払わなければ、すべての依頼に対して返事をもらえる可能性は低く、相手がただちに理解できる依頼や相手の負担が最小限で済む依頼にだけ回答は返ってくることだろう。依頼内容は完全に明確でなければならない。

次のメールは、ある出版社の許諾部門から私が受け取ったものだ。

> Please let me know how many copies of the book are being printed, where they will be sold (what territories), and what is the term of license under section 4779.09 of the Revised Code for this book.
> （本書の現段階での印刷部数と、今後どの分野で売れる見込みか、また本書が従うRevised Codeの第4779.09項に定められた契約期間を教えてください。）

この依頼には2つの問題がある。まず、1つのセンテンスの中で3つの依頼が行われている。メール受信者にとってこれは問題だ。返信しようにも何を依頼されているかがただちには分からないからだ。次に、“Revised Codeの第4779.09項に定められた契約期間”とあるが、この表現はメール送信者（=出版社）には仕事で使われる表現なので極めて明確かもしれないが、私には専門的すぎて何の意味も成さない。私にできることは、(1) ウェブサイトで検索する、(2) メールを書いてその意味を尋ねる、(3) 無視して他の2つの質問に答える、のいずれかだ。

基本的に、ほとんどのメール受信者が最も容易な解決策を選ぶ。前述のメールの例でいうと、3つ目の選択肢の“無視すること”だ。そのようなことにならないためには、依頼を行うときは相手が何の問題もなく理解できるような説明をしなければならない。そうすることで次の2つのことが実現されるだろう。

- 相手はあなたに不明な点の説明を求める必要がない（時間の無駄使いを避けられる）
- 相手はあなたの依頼に応え、あなたも無事に必要な情報を得られる

自分の視点で考えるのではなく、常に相手の立場に立って考えなければならない。

このメールは次のように修正するとよいだろう。

Please could you kindly answer these three questions:

1. how many copies of the book are likely to be printed per year?
2. what territories will they be sold in?
3. what is the term of license for this book (i.e., when will the contract for the book expire)?

次の3点について教えて頂けませんか？

1. 1年間に何部を印刷する予定ですか？
2. どの分野で売れるでしょうか？
3. 本書の契約期間はいつまでですか（契約はいつ終了しますか）？

修正後のメールは、メール受信者に3つの依頼があることを数字を使って箇条書

きにしてはっきりと伝えている。最初の依頼ではper yearという表現を使うことで内容が非常に明確になり、最後の依頼では専門的な表現について括弧の中に説明を加え、Revised Codeへの言及は不要であるため削除された。

明らかに修正後のメールは書くのに時間がかかる。しかし、そのメリットは3つすべての依頼に応えてもらえる可能性が高いことだ。

依頼のすべてに応えてもらうためには、依頼事項は数字を使って箇条書きにし、しかもできるだけ簡潔に示すことが賢明だ。

6.13 返事をもらいたい期限を示す

期限を具体的に示すことで、依頼に応えてもらえる可能性は高まる。単にas soon as possibleやat your earliest convenienceと書くよりも効果的だ。これらの表現では、どのくらい急ぎの用件かはっきりとは伝わらない。

とはいっても、期限は適度に短いほうがよいし、選択肢も少ないほうがよい。期限が長くなるほど、相手があなたの依頼を忘れる可能性は高くなる。期限は次のような定型表現で示すことができる。

> I need it ***within*** the next two days.
> (2日以内にお願いします。)

> He wants it ***by*** 11 tomorrow morning at the latest.
> (遅くとも明日の午前11時までにお願いします。)

> I don't actually need it ***until*** next week, Tuesday would be fine.
> (来週の火曜日までにお願いします。)

> I need it sometime ***before*** the end of next week.
> (来週末までにお願いします。)

イタリック体の単語のそれぞれの文脈における意味をまとめた。

within	一定の時間枠を示す。後に続く名詞は常に複数形（hours、weeks、months）となる
by	依頼に応じてもらいたい一定時間枠内の将来のある時点を具体的に示している
until	否定的な意味を持つ動詞（I don't need）とともに用いて、必要になるのはそれ以降であることを伝えている
before	byと意味は同じ。byにはatの意味もあるが、beforeは一定の時間枠内であればいつでもよいことを意味する

「期間」を表すwithinは、現在完了形で使われるforと似ている。同様に、「期限」を表すbyは、現在完了形で「起点」を表すsinceと似ている。

> He has been here ***for*** two days.
> （彼はここに2日間いる。）

> He has been here ***since*** yesterday morning.
> （彼はここに昨日の朝からいる。）

あなたが期限を受け取る側であっても、あるいは自分自身で期限を設定したいなら、同様の表現を使うことができる。例えば、Could you revise the section as soon as possible? とメールが来たら、次のように答えるとよい。

> I should be able to get the revisions back to you ***by*** the end of this month / ***within*** the next 10 days.
> （修正は今月末に / 10日以内に提出します。）

> I am sorry but I won't be able to start work on it ***until*** Monday / ***before*** next week at the earliest.
> （申し訳ありません。取りかかれるのは早くても月曜日以降 / 来週以降です。）

6.14 返信内容に疑問点があれば質問しよう

英語のネイティブに「ノンネイティブにどのような点に注意してメールを読んで

返信してほしいか」と聞いてみたところ、次のような情報が得られた。

- メールに書かれていることがすべて事実であると考えてはならない。数字は概算で示されていることが多い
- 不正確な記述や曖昧な箇所があれば質問すること
- 至急と書いてあれば、何が至急に必要とされているのかを確認すること
- 受け取ったメールがあまりにも簡潔で的確であっても、必ずしも相手が無礼な人物というわけではないので、立腹してはならない

6.15 依頼に応えるときは、依頼メールを引用して回答を書き込む

依頼のメールに応えるには、基本的に次の2つの方法がある。

- 相手のメール全体をそのまま残して返事を書く
- 相手のメールの中に返事を書き込む

あなたがラウルという名前のスペイン人研究者だとして、イギリス人研究者のピーターから次のような協力依頼のメールを受け取ったとしよう。

Hi Raul

I hope all is well with you. I was wondering if you could do me a couple of favors. Attached are two documents. The first is an Abstract that I would like you to read and hear your comments on. It is actually 50 words over the limit required by the conference organizers, so if you could find any way to remove a few words that would be great. Also attached is the proposal for the request for funding - for some reason I can't find the email addresses of the people in the Research Unit in Madrid, so could you possibly forward it to them? Thanks. Then finally, you mentioned last time we met that you said that you had a useful bibliographical reference that you thought I should look up, do you think you could send it to me. Thanks very much and sorry to bother you with all this.

If we don't speak before, I hope you have a Happy Christmas!

Best regards

Peter

こんにちは、ラウル
いかがお過ごしですか？　いくつかお願いしたいことがあってご連絡いたしました。資料を2つ添付しています。最初の資料はアブストラクトです。一読してコメントを頂けませんか？　会議主催者側の語数制限を50ワード超えており、推敲して語数を減らして頂ければありがたいです。もう1つの添付資料は財政支援申し込みの依頼書です。マドリードの研究所の先生方のメールアドレスが分からなくなりました。転送して頂けると助かります。それから、この前お会いしたとき、目を通しておいたほうがよい参考文献があるとお伺いしましたが、その情報を送って頂けませんか？　いろいろご面倒をおかけしますが、よろしくお願いいたします。
少し早いですが、どうぞよいクリスマスをお迎えください。
それではよろしくお願いいたします。
ピーター

このメールに返信するには、例えば次の例のような方法が考えられる。

例1

Hi Pete

Good to hear from you. Yes, I am happy to read your Abstract and I will try to reduce the word count. I have forwarded the request for funding proposal to the members of the Madrid RU and I put you in cc. Please find below the references I mentioned:

Sweitzer BJ, Cullen DJ: How well does a journal's peer review process function? A survey of authors' opinions (JAMA1994; 272: 152–3)

Let me express my warmest wishes to you and your family for a very happy Christmas and a New Year full of both personal and professional gratifications.

Best regards

Raul

こんにちは、ピート
ご連絡ありがとうございます。喜んでアブストラクトを拝見します。そして語数を削減してみます。財政支援申し込みの依頼書はあなたをccに入れてマドリードの研究所の先生方に転送しました。参考文献の件ですが、以下をご覧ください。
Sweitzer BJ, Cullen DJ: How well does a journal' s peer review process function? A survey of authors' opinions (JAMA1994; 272: 152-3)
あなたとあなたのご家族にとって、プライベートも仕事も充実した素晴らしいクリスマスと新年でありますよう、心から願っています。
それでは。
ラウル

もう1つの方法は、メールから該当の箇所を引用して、その中に書き込む方法だ。

例2

>The first is an Abstract that I would like you to read and hear your
>comments on. It is actually 50 words over the limit required by the
>conference organizers, so if you could find any way to remove a few
>words that would be great.

OK.
(了解しました。)

>Also attached is the proposal for the request for funding - for some reason
>I can't find the email addresses of the people in the Research Unit in
>Madrid, so could you possibly forward it to them?

Done.
(対応いたしました。)

>Then finally, you mentioned last time we met that you said that you had
>useful bibliographic references that you thought I should look up, do you
>think you could send it to me. Thanks very much and sorry to bother
>you with all this.

Sweitzer BJ, Cullen DJ, how well does a journal's peer review process function? A survey of authors' opinions (JAMA1994; 272:152-3) です。

>If we don't speak before, I hope you have a Happy Christmas!

Happy Christmas to you too!
(あなたもよいクリスマスをお過ごしください。)

DoneとはI have ***done*** what you asked me to do.という意味で、ラウルが依頼書をすでにマドリードの研究所に送ったことを意味する。まだ送っていなければ、Will do.でよい。

例2 には次のようなメリットがある。

1. あなたが書くメールの語数を減らすことができるので、必然的に間違いも少なくなる。
2. 自分がメールを書く時間も、相手がそのメールを読む時間も節約できる。
3. すべての依頼事に対して自分がどのように回答したかを忘れにくい。相手はあなたが一つ一つの依頼に対してどのように回答したかを正確に知ることができる。

マイナス面があるとすれば、語数が少ないのはラウルが急いでおり、できるだけ早くメールを処理したいからだと誤解されるかもしれないことだ。その点、例1 はまだ親切だ。しかし人が1日に送受信するメールの量を考えると、私の意見だが、これは大した問題ではない。

6.16 相手のメールの本文中に好意的なコメントを挿入して返信する

受け取ったメールの本文中に好意的なコメントを挿入して返信するのもよい。あなたがイタリアのピサに住む研究者であり、プラハでのセミナーを終えたばかりだとする。そしてチェコのセミナー主催者からメールを受け取ったとする。あなたは自分のコメントを次の例のように挿入して返信してもよい。

>Hi Paolo
>I hope you had a good trip back to Pisa.

Unfortunately, there was a three - hour delay due to fog, but anyway I got home safely.

>I just wanted to say that it was good to meet you last week. I thought
>your seminars were very productive.

Thank you. Yes, I was very pleased by the way they went and I was very impressed by the level of knowledge of your students.

>Say hello to Luigi.

I will do. And please send my regards to Professor Blazkova.
Thank you once again for organizing the seminars and I hope to see you again in the not too distant future.

>Best regards

>Hanka

＞こんにちは、パオロ
＞無事にピサに到着されたことと思います。
残念ながら霧のため3時間の遅れが生じましたが、無事に帰宅しました。
＞先週はお会いできて嬉しかったです。セミナーも成功に終わってよかったです。
ありがとうございます。セミナーが成功に終わり私も本当に嬉しいです。また、生徒たちの知識レベルの高さには感銘を受けました。
＞ルイジによろしくお伝えください。
承知しました。ブロスコバ教授によろしくお伝えください。セミナーを開催して頂き、本当にありがとうございました。また近いうちにお会いできることを願っています。
＞よろしくお願いいたします。
＞ハンカ

第7章

カバーレター：インターンシップ、エラスムス留学、修士・博士・ポスドク留学に応募する

ファクトイド

イェール大学のある学生が動画で作成した履歴書をUBS証券に送った。この7分間の動画は、「金融機関に就職するときの禁止事項」の件名でウォール街のすべての投資会社に転送された。

*

エクスペリアン社が実施した調査によると、就職希望者の37％が自分の経歴を、21％が資格を、19％が年収を偽った経験があった。

*

650人のビジネスパーソンのキャリアパスを12年間にわたって調査したところ、キャリア選択における最も一般的な誤りの一つは、興味よりも適性に基づいて判断していることだった。

*

1998年の流行語は“エレベーターピッチ”だった。エレベーターに乗っている短い時間で簡潔に説明ができなければならないという意味で、あるベンチャー企業の創立者が考案した言葉だ。30秒で会社を売り込めないようでは有能とはいえないからだ。今でもエレベーターピッチは、「あなたは会社にどのような価値を提供できますか」といった新卒者面接の質問として使われている。

*

英国の雇用前人材調査会社パワーチェック社の調査によると、英国のランキングの低い大学の学生からの応募書類の43％に（ランキング上位の大学生の場合は14％に）、事実との相違が発見された。

*

英国のハートフォードシャー大学の研究チームによると、大学入学の志願書の成否は使用する特定の語句に左右される。使うべき上位10位の言葉は、achievement、active、developed、evidence、experience、impact、individual、involved、planning、transferable skills、避けるべき上位10位の言葉は、always、awful、bad、fault、hate、mistake、never、nothing、panic、problems。

7.1 ウォームアップ

さまざまなカバーレターの内容と構成に親しむために、次の問いについて考えてみよう。

(1) 最初の例は、ある国際的企業の求人募集への応募書類のカバーレターだ。

1. このレターは相手にどのような視覚的印象を与えるだろうか？
2. Dear Sir / Madamの書き出しは効果的だろうか？
3. いくつかのパラグラフに分けるとしたらそれはどこか？
4. 情報の提示の順番を改良できないだろうか？
5. このカバーレターの筆者は、他の企業にも送った同じようなカバーレターをそのまま使い回しているのではなく、今回の応募に際して適切にアレンジしていることが分かるように工夫しているか？
6. さらに強い印象を与えるために、追加すべきことや削除すべきことがあるか？
7. インデントをつけると、見た目にも美しくなり効果的だろうか？

Dear Sir / Madam,

I have a BSc in Agricultural Engineering from the American University of Beirut (AUB). Regarding my experience, I had two student jobs at two different labs in AUB and followed attended several workshops. I recently completed a "Master of Sciences in Food Quality and chemistry of natural products" at the Mediterranean Agronomic Institute. The Master's program is spread out over two years: the first includes intensive courses in quality control and second is devoted to the development and the drafting of an applied thesis. I have just completed my thesis concerning the quality of wine grapes following a treatment from maturation dehydration in a tunnel. I am currently employed as a medical representative for the promotion of a micro-nutritional supplement for the Swedish laboratories of PLK. I am presently seeking a more challenging career with a well-established local or multinational company such as yours. I wish to devote myself to food quality improvement more than to the marketing of health supplements, which is my current job. I will be very motivated to work and give my best. I'm attaching my latest resume with the letter. I am available for any further information or interview at the contact addresses stated in my resume.

Sincerely,

拝啓
私はベイルート・アメリカン大学（AUB）で農業工学の理学士号を取得しました。AUBではこれまでにインターンとして2つの異なる仕事を経験し、いくつかのワークショップにも参加しました。最近、地中海農業研究所にて、“食品品質と天然産物”というテーマで理学士号を取得しました。修士課程は2年間です。最初の年は、品質管理について集中的に学び、2年目はその研究論文の作成を学びます。現在は、ワイン用ブドウの暗室成熟乾燥後の品質に関する論文の作成をちょうど終えたところです。今はスウェーデンにあるPLK社の研究所でマイクロ栄養素サプリメントの販売促進のMRとして働いています。現在、国際的企業であるかどうかにかかわらず、御社のようなもっとやりがいのある企業での仕事を探しています。現在の仕事である健康サプリメントの販売促進の仕事よりも食品品質改善の仕事に就きたいと願っています。仕事に対する私のモチベーションは高く、よい結果を残せると思っています。このレターに履歴書を添付しました。何かお尋ねになりたいことや面接にご興味があれば、履歴書に記したアドレスまでいつでもご連絡ください。
それではよろしくお願いいたします。

(2) 次のレターでは、ある教授の研究室にインターンシップの空きがないかを尋ねている。受信者は肯定的な印象を受けてこの学生にインターンとして働く機会を与えることを真剣に考えただろうか？　その理由を考えてみよう。

Dear Professor,

I am Carmine Pine, a PhD student at the University of Atlantis. I am working on spam-recognition software and I have seen on your lab web page that your group is also working on spam recognition. I have seen from your publications record that your lab is very much advanced in this field of science. As I am also working in this field and I am a beginner in this field I would like to come in your lab for a short-term training programme to learn new things in this field of science. Details of my education and research experience are mentioned in my CV which is attached with email. Please find attached file.

教授
私はカーマイン・パインと申します。アトランティス大学の博士課程で学ぶ学生です。スパム認識ソフトウェアの開発に取り組んでいます。先生の研究室のウェブサイトを拝見し、先生の研究グループもスパム認識について研究されていることを知りました。また先生がこれまでに発表された論文から、先生の研究室がこの分野で最先端の研究を行っていることを知りました。この分野での私の経験は浅く、先生の研究室で短期間の研修プログラム生として学ぶ機会を頂きたいと考えています。添付の履歴書に私の学歴と研究経験の詳細を書いています。ご確認ください。

(3) 次はポスドク助成金の申請書の例だ。

1. このレターが効果的である理由はどこにあるだろうか？
2. 自分でも使ってみたい表現があればピックアップしてみよう。
3. 何か欠けている情報はないだろうか？

Postdoctoral grant, EXEGO project

Dear Dr Jill Cohen

I am very interested in the postdoctoral grant related to the EXEGO project "*Design of a decision matrix to assess the link between selfies and selfish behavior*", with vacancy number: DPW 08–40.

My background is closely related to the field of cognitive selfish behavior. During my Bachelor's studies in Psychology I participated in projects regarding smoking in the presence of young children, unauthorized parking in disabled parking spaces, financial trading, and other non-altruistic behaviors. In addition, my M.Sc. degree focused on *Acts of Neuro-narcissism in Top League Football Players.* During this period I developed a method to assess the level of narcissistic and selfish behaviors among young extremely wealthy people who had suddenly been catapulted into the public eye.

I am currently finishing my Ph.D. in Postmodern Relational Psychology at the School of Advanced Neurological Studies in Manchester (UK). The work I performed during my Ph.D. studies investigated the ego pathway in the Manchester United first team using a transgenic approach. Part of this research was recently published (*Ego pathways as an indicator of selfish behavior in public.* Functional Psychology. 35(7): 606-618). Additionally, I published the results of this work as an oral presentation at the XVI Congress of the Federation of European Psychologists (FEP) held in Tampere, Finland, in August last year.

The topic of the research position you are offering is fully related to the experience I acquired during my M.Sc. and Ph.D. studies. I am confident that my acquaintance with Neurology and Psychology, including the construction of decision matrices, binary vectors, behavior transformations and analysis of the selfish gene, will allow me to successfully perform this project.

I enclose my CV where you can find more details on my research experience.

Best regards,

EXEGOプロジェクト博士研究員助成金について

ジル・コーヘン博士

私はEXEGOのプロジェクトである“自撮りと利己的な行動の関連性を評価するための決定行列の設計”（空席番号：DPW08-40）の博士研究員助成金に非常に興味があります。

私の研究は認知的な利己的行動の分野に密接に関連しています。学士号課程で学んだ心理学の研究の一環として、低年齢児がいる前での喫煙、障害者用駐車場の無断使用、金融取引、非利他的行動などに関するプロジェクトに参加しました。

学位は、トップリーグのサッカー選手における神経ナルシシズム行為を研究して理学士号を取得しました。その過程で、突然世間の注目を浴びた極めて裕福な若者の自己陶酔的かつ利己的な行動を評価する方法を開発しました。

現在私は、マンチェスター先進神経学研究学院（英国）のポストモダン関連心理学の博士課程を修了するところです。博士課程では、遺伝子組み換えを用いてマンチェスターユナイテッドのスターティングメンバーの自我経路を研究しました。その研究の一部が最近発表されました（*Functional Psychology*：人前での利己的な行動の指標としての自我経路 35(7): 606-618)。また、昨年8月にフィンランドのタンペレで開催されたヨーロッパ心理学者連盟（FEP）の第16回大会でその研究結果を発表しました。

今回募集されている職位と私が理学士号と博士号取得に向けて研究してきた分野とは大いに関連性があります。意思決定マトリクスの構築、バイナリーベクター、行動変容と利己的遺伝子の解析はもちろん、神経学と心理学の分野においても、私の知識と経験がこのプロジェクトを成功に導くことに貢献することと思います。私の研究経験については添付の履歴書に詳しく書いています。
それではよろしくお願いいたします。

本章では、次のようなレターも含めて、アカデミックライティングについて広範囲に解説する。

- 求人応募のカバーレター
- インターンシップ、サマースクール、ワークショップ、エラスムス交換留学などへの志望動機レター
- 博士課程、ポスドクプログラムへの応募書類

本章後半では、悪い例の後によい例を示した。このようなレターや申請書を書くときは、相手の立場に立って次のような点に注意して考えることが重要だ。

- あなたをチームに参加させたいと思わせるものは何か
- あなたが他の候補者よりも秀でている点
- あなたの知識が先方の研究チームにもたらす利益（先方の研究や専門知識に欠けているものを埋められることを示す）
- 先方の研究チームにかかる費用と、その費用を削減するまたは費用をかけない方法

カバーレター、紹介レター、履歴書などの書き方についてさらに詳しくは、*CVs, Resumes, and LinkedIn: A Guide to Professional English*を参照。

7.2 応募職種を見出しの中で明確に伝える

求職の申し込みやワークショップ、サマースクールへの参加申し込みは、レターの内容がただちに伝わるようにタイトルは太字で中央揃えにレイアウトしよう。

募集職種やワークショップの略語があればそれをタイトルに使う（以下の例を参照）。

もし募集職種がその研究所や企業のウェブサイトで公開されていたら、どの職種に応募しているかを明確にしなければならない（「公開募集職種への応募の例」を参照）。

もしその研究所や企業に現在募集中の職種があるかどうか分からないときは、自分がどのような仕事を求めているかを明確にすること（「非公開募集職種への応募の例」を参照）。

公開募集職種への応募の例：

Workshop on Bio-economics - Brighton 13/14 July.

I would like to apply for a place at the workshop on the Bio-economics of Environmental Sustainment in Urban Areas. I believe that ...

7月13/14日ブライトンにて開催のバイオエコノミクスのワークショップについて
都市環境維持バイオエコノミクスのワークショップへの参加を申し込みたいと思います。私は～。

DPhil project on GPS navigation (position ref. 3453/GPS/navi)

Dear Dr Moon,

I am very interested in the DPhil project that you are proposing on GPS lunar navigation, advertised on your website. My current research focuses on …

GPSナビゲーションの博士プロジェクトについて（ポジション番号：3453/GPS/navi）
ムーン博士
私は貴研究所のウェブサイトで公開されているGPSを使った月航法に関する博士プロジェクトにとても興味があります。私の現在の研究分野は～。

PhD project: "Physiological tolerance of tropical forest invertebrates".

I would like to apply for the PhD project "Physiological tolerance of tropical forest invertebrates to microclimate change". I am currently …

博士プロジェクト：熱帯林無脊椎動物の生理学的耐性について
博士プロジェクト"熱帯林無脊椎動物の微小気候変動への生理学的耐性"に参加を申し込みます。私は現在～。

Full-time Winter International Program Intern (June newsletter)

I learnt from your newsletter that you are looking for a full-time Winter International Program Intern in your laboratory for January-May of next year. As you will see from the attached CV, I am …

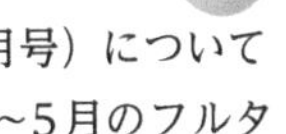

冬季国際プログラムのフルタイムインターン（ニュースレター6月号）について
貴研究所のニュースレターを読み、冬季国際プログラムの来年1～5月のフルタイムのインターンを募集中と知りました。私の履歴書を添付しましたので～。

非公開募集職種への応募の例：

PhD at the Manchester School of Business

Dear Dr Burgess

I would like to apply for the research position at your university …

マンチェスタービジネススクール博士課程について

バージェス博士

貴校の研究職に応募したいと思い～。

Placement at the Institute of Animal Ecology

Dear Professor Smith

I am writing about the possibility of a placement, which is a requirement for my Masters in Ecology at Bordeaux.

動物生態学学院へのプレースメントについて

スミス教授

私はボルドー大学の修士課程で生態学を学んでいます。プレースメントが必修科目なのですが、貴研究所で経験できる可能性はあるでしょうか？

7.3 挨拶の書き方

挨拶は次のように構成すればよいだろう。

- 志望する職種の最も適切な人（人事部の担当者や教授の助手など）に宛てて、その人が特に肩書きを持たなければDearの後にファーストネームとファミリーネームを続けて書く。もし研究所/企業側のウェブサイト上でそのような担当者の名前が見つからなければ、電話をかけて尋ねる
- 相手に直接レターを送るときは、Dearの後に肩書き（例：教授）とファミリーネームを書く

人名を書くときはスペルを間違わないように気をつけよう。サマースクールやワークショップへの参加を申し込むときは担当者を探す必要はない。また挨拶は省いたほうがよい。

7.4 第一パラグラフ(イントロダクション)

7.2節の例で示したように、まず、自分がどのような仕事に興味を持っているかを伝えよう。タイトルで述べた情報を繰り返すことになるかもしれないが、タイトルでは略語を使っていることが多いので、具体的に説明しよう。

もし紹介されてレターを書いているのであれば、次の例のように誰に紹介されたのかも伝えよう。

> Your name was given to me by Professor Kahn, who recommended I should write to you with regard to a position as an intern in ...
> (先生のお名前はカーン教授から教えて頂きました。カーン教授がインターン応募のレターを書いてはどうかと勧めてくださり〜。)

7.5 第二パラグラフ/第三パラグラフ

第二パラグラフと第三パラグラフの書き方については本章のPART2で例を示している。本節ではこれらのパラグラフに含めるべき要素について解説する。

求人募集、インターンシップ、博士課程、ポスドクポジションへの応募

第二パラグラフと第三パラグラフは、いかに自分が応募職種にふさわしいスキルと経験を有しているかを説得するパートだ。先方に宛てて書いたオリジナルのレターであることがはっきりと伝わらなければならない。自分のスキル、強み、目的、興味がいかに先方のニーズにマッチしているかを強調しなければならない。

自分にとってのメリットを書くのではなく、自分のスキルが先方にどのようなメリットをもたらすかを書くこと。例えば、自分が先方の研究チームにどのような貢献ができるかを、3つのスキルに要約して箇条書きにしてもよい。

具体的な技術的スキルの他に、次のような点をアピールするのもよいだろう。

- チームの一員として働く力がある

- プロ意識が高い、前向きである、柔軟性がある、期限を守る
- 資格を持っている（履歴書にはすべての、カバーレターには主な資格を書く）
- 問題解決能力が高い
- プレゼンテーションスキルがある
- 原稿や技術文書を書く力がある
- 英語運用能力が高い

しかし、ただリスト化するだけでは不十分だ。具体例も示そう（*CVs, Resumes and LinkedIn: A Guide to Professional English*の第9章を参照）。

サマースクール、ワークショップへの応募

なぜそのサマースクールやワークショップに興味を抱いているのか、その理由を説明しよう。自分の研究分野とどのような関連性があるのか？　自分の現在の研究およびキャリアとの関連性を3つ挙げてみよう。

そのスクールやワークショップを選んだ理由を明確に伝え、同時に、不特定多数のスクールとワークショップに宛てた無差別のレターではないことをはっきりと伝える。

7.6 最終パラグラフ

最終パラグラフでは、次のような情報を伝えよう。

- いつから参加できるか、いつ面接を受けられるか
- 自分の連絡先
- 履歴書を添付していること

7.7 結びの挨拶

挨拶は一言で簡潔に（➔ **2.7節**）。

最も簡単で最も国際的に通用する、そして最も一般的な挨拶はBest regardsだ。あるいは、ややフォーマルだが、Yours sincerelyでもよい。他にも、I look forward to hearing from youと結んでもよい。

7.8 レターは極めて重要！ 書き終えたら入念なチェックを

本章で解説したレターの書き方ひとつで、特にインターンや博士課程/ポスドク研究に応募する人は、自分のキャリアが変わることもある。自分の研究で特に重要な部分を実施するときと同じくらいの重きを置くべきである。

レターを書き終えたら、次のような点に注意しよう。

- 相手にとって価値のない情報はすべて削除する
- 100%自信のない英語表現は使っていないことを確認する。もし使った英語表現が正しいかどうか自信がなければ、他の適切な表現で言い換える
- 慣用表現をそのまま英語に直訳していないかを確認する
- レイアウトはクリアでシンプルか（左揃えか？　字下げを行ってはいないか）？
- 標準的なフォントを選んだか？
- 箇条書きにして強調したほうがよい情報はないか？
- 先方の氏名も、プロジェクト、研究所、住所などの正しい名称も、再確認したか？
- スペルチェックを行ったか？

次のようなレターは、どれも先方（教授、人事部長、ワークショップ事務局）には受け入れられないことに留意しよう。

- 非常識なメールアドレス（例：randy69@hotmail.com、lordofdarkness@death.com）を使用
- 件名の意味が曖昧
- 依頼内容が曖昧
- メールを複数回送る（同じメールを不特定多数の人に送信していることが分かる）

- 署名の後に広告を表示する
- 奇抜なフォントや色を使う
- カット&ペーストのミスにより、文章が重複している
- 本文を携帯メール風に書いている
- 文字が多すぎる
- 連絡先を書いていない
- スペリングに間違いがある

自分ではこれ以上できないというところまで推敲したら、ネイティブスピーカー（できれば仕事の同僚）にチェックしてもらおう。

PART 2 よいレターと悪いレター

本章の後半では、下手なメール（“悪い例”で示した）を書くことのデメリットと、目的を明確に書いたレター（“模範例”で示した）のメリットについて解説する。

7.9 エラスムスプログラムへの応募

悪い例

Dear Mr Pohjola,

My name is Diego and I'm a Brazilian Master student of Constitutional Law/Political Science in University of Porto (Portugal).

I was approved for the Erasmus Program in University of Helsinki and they required that I wrote to you, introducing myself and in order to make all the right academic choices.

I'm not sure whether it's you I ask about documents I need to send via University of Porto.

Anyways, about the core of my studies, since I will be on my thesis year, I got advised to enroll in one class and ask for a co-guide on the thesis, along with the portuguese one (which is yet to be appointed by the University of Porto). Is that possible? How will I be evaluated on the class and by my co-guide? Do you have a list of classes I could choose? Are all of them taught in finnish?

Thank you very much in advance and I'm sorry if I seem a bit lost, I'm at the very beginning of the procedure.

Diego

ポーヨラ様
私はディエゴと申します。ブラジル出身で、ポルト大学（ポルトガル）の修士課程で憲法と政治学を学んでいます。
私はヘルシンキ大学のエラスムスプログラムへの参加を認められましたが、事務局から、ポーヨラ先生に自己紹介のレターを書いて科目を適切に選択していることを確認してもらうようにと指示がありました。
ポルト大学からどのような書類を発行してもらえばよいかについては、先生にお尋ねしてよかったでしょうか？
さて、私の研究分野についてですが、今年は論文を書く予定ですので、ポルトガルの指導教官からの指導と並行して論文の指導も受けられるような授業を選択するようにとアドバイスを受けています（ポルト大学でもこれから指導教官がつく予定です）。これは可能でしょうか？　授業ではどのように、また共同指導者からはどのように評価されるでしょうか？　授業内容の一覧表があるでしょうか？
授業はすべてフィンランド語で行われるのでしょうか？
初めてのことで分からないことが多く、申し訳ありません。それではよろしくお願いいたします。
ディエゴ

ディエゴはとても友好的なレターを書いた。ヘルシンキ大学のポーヨラ教授はディエゴについて好印象を持ったことだろう。しかし、レターはインフォーマルすぎる。一般的には、特に異なる文化圏（この例のようにフィンランド）の相手に書くレターは、普段よりフォーマルに書くべきだ。

具体的には次のような点に気をつけよう。

- 相手の名前に肩書き（例：Professor、Dr）をつける。MrやMrsなどは使わない

- Master studentという表現は正しくない。Master's studentが正しい。あるいは、I am currently doing a Master's in + 研究テーマ、またはI have a Master's in + 研究テーマ、という表現を使う
- 前置詞の使い方に誤りが多い（正しい使い方は次の模範例を参照）
- 最初に自分の名前から紹介しないこと。博士課程か修士課程か、どこで学んでいるかなど、自分の立場が分かる紹介をする
- スペリングと句読点を確認する（PortugueseとFinnishの最初の文字は大文字に）
- 相手にとって価値のない情報は削除する

模範例

修正すべきところはイタリック体で示した。状況に応じて［　］の内容を足してもよい。

Dear Professor *Name*

I'm a *Master's / undergraduate* student in *subject* at the University of *Town* (*Country*).

I have been approved for the Erasmus Program at *recipient's university.*

I was wondering whether you could tell me what documents I need to send via my university.

I will be in my thesis year, so I have been advised to enroll in one class and ask for a co-tutor for my thesis (I also have a tutor at *applicant's university*). Would that be possible?

[I also have a few other questions:

- How will I be assessed throughout the course?
- Do you have a list of classes I could choose?
- Are all of them taught in *language of host university*?]

[If you are not the right person to ask, please could you kindly forward this email to the relevant person.]

Thank you very much in advance.

First name + last name

～教授
私は〇〇大学××学部の修士課程/学士課程で学ぶ学生です。□□大学のエラスムスプログラムで学ぶことを承認されました。私の大学からはどのような書類を発行してもらえばよいでしょうか？　今年は論文を書く予定ですので、論文指導を受けられるような授業を選択するようにと言われています（〇〇大学では指導してくださる教官がいます）。これは可能でしょうか？
[いくつか教えて頂けませんか？
・成績はどのように評価されるのでしょうか？
・履修科目の一覧表はありませんか？
・授業はすべて△△語で行われるのでしょうか？]
[もし他の先生にお伺いしたほうがよければ、このメールをその先生に転送して頂けませんか？]
よろしくお願いいたします。
自分の名前＋名字

7.10 ワークショップへの応募

悪い例

Dear Madam / Sir,

my name is Anong Challcharoenwattana, and I am a PhD student in Agroecology at Aarhus University.

With this letter I hereby would like to state my motivation to attend the workshop on agro-ecology and ecological intensification for a sustainable food future, which will be held at the Joint Research Centre (JRC) in Avignon on 13/14 July.

I am writing a thesis about the management of functional biodiversity in low input agriculture. I am investigating how to enhance cover crops potential to suppress weeds and improve soil fertility. My research interests are strictly connected to agroecosystem services, and the ways in which they are provided to society by agriculture. The topic of the workshop is key to my research activity and professional objectives. Therefore, I would highly appreciate to be given the opportunity to attend this event gathering towering scientists and representatives from the EU institutions.

I also perceive this as a possibility to familiarize with good practices, which are essential to my career and personal growth. I firmly believe in the necessity to connect academia with the stakeholders involved in agriculture. Research should strive to provide policy-makers with concrete solutions to environmental issues. I am sincerely convinced that scientific research should meet the fundamental interests of society.

I am confident you will find my application to be a worthwhile investment. I am sure that the attendance at this workshop will be an outstanding opportunity to me, and will pay off for years to come.

ご担当者様
私はアノン・チャルチャロエンワッタナと申します。オーフス大学の博士課程で農業生態学を学ぶ学生です。
7月13日/14日にアヴィニョンの共同研究センター（JRC）で開催される、農業生態学と持続可能な食の将来の生態的集約化に関するワークショップにぜひとも参加したいと思いこのレターを書いています。
私は現在、低投入型農業における機能的生物多様性の管理に関する論文に取り組んでいます。雑草の繁殖を抑制し土壌肥沃(ひよく)度を改善するための被覆作物の潜在能力を伸ばす方法を研究中です。私の研究テーマは、農業生態系サービス、およびそれらが農業を通じて社会に還元される方法に深く関連しています。このワークショップのテーマは私の研究活動および私のキャリア上の目標達成のために非常に重要です。EUの研究所から非常に優れた科学者や代表者たちが集うこのワークショップに参加する機会を得られれば非常にありがたいと思っています。
このワークショップに参加することは優れた取り組みを知るよい機会であると同時に、私のキャリアと個人的成長にとっても重要です。私は、農業とかかわりを持って働く人たちと学問の世界をつなぐ必要があることを強く信じています。研究を行って環境問題の具体的解決策を行政に提供しなければなりません。私は、科学的研究が社会の基本的利益を満たすべきであると心から思います。
私のこの応募が先生にとって価値ある投資であったと思って頂けるものと確信しています。また私にとっても、このワークショップに参加したことがとても素晴らしい機会であり、何年か先にきっと投資した甲斐があったと思える日が来ると確信しています。

アノンのレターは完璧だが、最後の2つのパラグラフが、『ワークショップ参加申し込みのレターの書き方』などといったウェブサイトからコピーしてきたようにも見える。自分で書いたようには見えない。他人に書いてもらったのかもしれない。レターを書くときは、先方はこのセンテンス/パラグラフを読むことでどのようなメリットを得られるだろかと自問しながら書くべきだろう。

具体的には次のような点に気をつけよう。

- タイトルをつける。そうすることで、上の例では、第二パラグラフを大きく削減できる（次の模範例を参照）
- 受け取り主を特に指定しないのであれば、挨拶は省略してもよい
- パラグラフの最初は大文字で書く。挨拶の後の第一パラグラフも同様
- スキル、志望理由などは箇条書きにする
- 自分の依頼を受け入れてもらうことを目的としていない内容はすべて削除する
- 正しいかどうか自信のない、妙なセンテンス（gathering towering scientists、I hereby state my motivation、pay off for years to comeなど）は書かない

模範例

イタリック体で示した箇所は適切な語句を適宜挿入する箇所だ。状況に応じて［　］の内容を足してもよい。

Workshop on psycholinguistics and statistical tools - Atlantis 13/14 July.

I am a PhD student in *psycholinguistics* at *Melbourne University* and I would very much like to attend your workshop.

I am writing a thesis about how *a researcher's name can influence the research field that they choose*. This project has *involved compiling lists of surnames such as Wood, Bugg, Gold and Wordsworth in order to understand the incidence of such names in the fields of forestry, entomology, economics and linguistics, respectively.* To carry out this research *I am using an innovative statistical tool, developed by me and some fellow PhD students, called SirName.*

I believe my research area matches the topic of the workshop because:

- x
- y
- z

[In addition, I think I could share my knowledge in:

- x
- y
- z]

These three points are *at the cutting edge of research in this area, and* fortunately I am working in a top laboratory [name of lab] where I have acquired skills in ... In fact, I believe participants may be interested in learning new techniques about ...

I look forward to hearing from you.

心理言語学と統計ツールのワークショップ：7月13、14日アトランティスにて

私はメルボルン大学の博士課程で心理言語学を学んでいます。今回のワークショップにぜひ参加したいと思っています。

私は現在、研究者の名前が研究分野におよぼす影響について論文を作成中です。このプロジェクトには、Woodや、Bugg、Gold、Wordsworthなどの名字が、それぞれ林学、昆虫学、経済学、言語学の分野でどの程度出現しているかを知るためのリスト化の作業が含まれています。この調査を行うために、私は、私と私の仲間の博士号を持つ学生○△が開発した革新的統計ツールを用いています。

私の研究分野はワークショップのテーマと次のような理由で一致します。

・理由①

・理由②

・理由③

[さらに、私は次のような自分の知見を共有することができます。

・知見①

・知見②

・知見③]

これらの3つのポイントはこの分野において最先端の研究であり、幸いなことに私は現在、トップクラスの研究所○○に勤務しています。私はここで△△のスキルを習得しました。おそらく参加者は□□に関する新しい技術を学ぶことに興味を持たれているのではないかと思います。
ご連絡をお待ちしております。

7.11 サマースクールへの応募

悪い例

I'm very ***interesting*** in your school because I think it would be ***a very useful*** for my PhD activity as well very ***formative*** for my personality.

I'm ***apassionate*** in neuroscience and I'd like to learn much more about the techniques ***sued*** in this field.

The main topic of my research ***are*** neuroengineering techniques, in particular imaging analysis both in-vitro and in-vivo and neuronal models. My research activity is focused on understanding the neural basis of some brain disorder such as autism so I'm ***specially interesting*** in your activity concerning neuropsychological diseases.

I'm at the beginning of my PhD so I have a lot to learn and I think your school would be a wonderful occasion both to have a deeper theoretical background and to get involved in your ***laboratories activity***. I'd like to participate ***at*** two different projects one concerning an fMRI experiments and ***one a*** microscopic technique so that I can ***make practice*** in both areas of my research.

Finally I think that attending your school will be a good ***occasion*** to know the ***wroks*** of other students and researchers, to exchange opinions and so to increase my knowledge and my experience in the neuroscience field.

私は貴校に大変興味を持っています。私の博士課程の研究活動にとっても、また人格形成にとっても非常に有益だと思っています。
私は神経科学に大きな興味を持っており、この分野で使われている技術についてもっと学びたいと考えています。
私の研究の主たるテーマは神経工学技術、特にin vitroとin vivoの、およびニューロンモデルの画像解析です。私は、自閉症などの脳障害の神経基盤を理解することを中心に研究活動を行っており、神経心理学的疾患に関する先生の研究活動には特別な興味を持っています。
博士課程はまだ始まったばかりで学ぶべきことは多いですが、貴校で学んで論理的背景を深めながら先生の研究室の活動に参加できることは素晴らしい機会だと考えています。特に、fMRI関連および顕微鏡技術関連の2つのプロジェクトに参加して、それを自分の研究に応用できるようになりたいと思っています。
最後になりましたが、貴校で学ぶことは、他の学生や研究者の研究を知り、意見を交換し、そうすることで神経科学の分野における私の知識と経験を豊かにするためのよい機会です。

このレターの内容と構成に問題はない。問題は英語だ（イタリック体で示した)。このレターにはタイプミスも含めて少なくとも10の英語の使い方に関する基本的な誤りがある。ここでの問題は、この応募者が時間をとってレターを読み直さなかったことだ。読み直さなかったのであれば、常識があるとは思えない。そうであれば、サマースクールへの参加者としてはふさわしくない。

模範例

I would like to apply for a place at your summer school.

I am particularly interested in attending because

- x
- y
- z

I'm passionate about neurosciences and I'd like to learn much more about the techniques used in this field.

The main topic of my research is neuroengineering techniques, in particular imaging analysis both in-vitro and in-vivo and neuronal models. My research focuses on understanding the neural basis of some brain disorders *[link to personal webpage where the candidate's research is outline in detail]*, such as autism, so I'm especially interested in your courses on neuropsychological diseases.

I'm at the beginning of my PhD so I have a lot to learn. I think your school would be a wonderful opportunity both to have a deeper theoretical background and to get involved in the activities at your laboratories. If possible, I would like to participate in two different projects: fMRI experiments and microscopic techniques. This would thus enable me to gain experience in both areas of my research.

Finally, I think that attending your school would be perfect for learning about the work of other students and researchers, to exchange opinions, and thus to increase my knowledge and my experience in neurosciences.

I look forward to hearing from you.

貴校のサマースクールへの参加に応募したいと思います。参加希望の理由は次のとおりです。

・理由①
・理由②
・理由③

私は神経科学を学んでいますが、この分野で使われている技術についてもっと学びたいと思っています。

私の研究の主たるテーマは神経工学技術、特にin vitroとin vivoの、およびニューロンモデルの画像解析です。私は自閉症などの脳障害の神経基盤を理解することを中心に研究活動を行っており［自分の研究について詳しく解説した個人のウェブサイトのリンク］、特に先生の神経心理学的疾患に関する授業を受けることに興味を持っています。

博士課程はまだ始まったばかりで学ぶべきことは多いです。貴校で学んで理論的背景を深めながら先生の研究室の活動に参加できることは素晴らしい機会だと考えています。可能であれば2つのプロジェクトに参加したいと思っています。fMRI関連のプロジェクトと顕微鏡技術関連のプロジェクトです。これらの研究分野で経験を積みたいと思います。

最後になりましたが、貴校で学ぶことは、他の学生や研究者の研究から学び、意見を交換し、そうすることで神経科学における私の知識と経験を豊かにする絶好の機会でもあります。

お返事をお待ちしております。

7.12 博士課程への応募

悪い例

Dear Prof.,

My name is Miluše Adamik, final year student of Master's in Innovation Management, at the České vysoké učení technické in Prague (Czech Republic).

Currently I am writing my thesis about "network diffusion model of Innovation". My background is industrial engineering. I was visiting the webpage of Innovation Management at UCCIL, and I found a very interesting field of research in Innovation management. I would like to ask for further information about doing a PhD in your institute.

I really appreciate your reply in advance,

Best regards,

Miluše Adamik

教授
私はプラハ（チェコ共和国）のチェコ工科大学の修士課程の最終学年でイノベーションマネジメントを学ぶマイラス・アダミクと申します。
現在、イノベーションのネットワーク拡散モデルについて論文を書いています。
専門は産業工学です。UCCILのイノベーションマネジメントに関するウェブサイトを見ていて、とても興味深いイノベーションマネジメントの研究分野を発見しました。貴校の博士課程で学ぶための情報を頂けないものでしょうか？
ご連絡頂ければ幸いです。
よろしくお願いいたします。
マイラス・アダミク

マイラスはこのメールを30秒で書き終えたのではないだろうか。教授にどのような情報を提供してもらいたいのか、ほとんど分からない。マイラスが後日、次のようなメールを受け取ったのは幸いだった。

Dear Mr Milŭse,

Thank you very much for your interest in our research. Could you please send me your CV? I also need some information about your current Master's studies. Is it a university? What is your current status in the program (grade average)? How long will it take you to finish your studies?

マイラス様
私たちの研究に興味を持って頂き、ありがとうございます。履歴書を送って頂けませんか？　またあなたの修士課程での研究について教えてください。大学で学んでいるのですか？　研究は現在どのような評価（成績平均）を受けていますか？　課程を修了するまであとどのくらいの期間が必要ですか？

教授の返事から次のような問題点が示唆される。

1. 自分の大学または研究所の名前を母語で書かないこと。意味が通じると期待してはならない。この場合はCzech Technical Universityと書くべきだ。
2. 自分の専門をはっきりと伝えること。現在取り組んでいるテーマは何か。どのような授業を受けているか。課程はいつ修了するか。
3. 履歴書を添付すること。履歴書へのリンクを記載してもよい。
4. どの分野の博士課程に進みたいかを具体的に伝えること。
5. 相手が返事を書く際に敬称を間違えることがないように、自分が男性か女性かを伝えること（Milušeは女性のファーストネームだが、おそらく教授はAdamikを男性名と誤解してMr Milŭseと書いたのだろう）。単に履歴書に写真を貼るだけでもよい。あるいは、Miluše Adamik（Ms）やAndrea Paci（Mr）などと署名して性別を示してもよい。

マイラスのメールには他にも次のような問題がある。

- 相手への敬称をProfと略してはならない。略さずにProfessorと書くこと名字も忘れてはならない（例：Dear Professor Wallwork）
- 繰り返しは避ける
- メールの構成を明確にする
- 読む側の視点に立って考え、必要な情報はすべて提供する

模範例

次に、模範的なメールの例を紹介する。適宜変更すべきところはイタリック体で示した。

Dear *Dr Wood,*

I would like to apply for the PhD project "*Physiological tolerance of tropical forest invertebrates to microclimate change*".

I am currently doing a *Master's in ecology* at the *University of Zurich*, and I would like to find a PhD program for the next academic year. Last semester I studied *the physiological tolerance of different species of trees to changes in temperature and precipitation.* I would be very interested in *seeing whether as with trees, different species of ants and beetles have different ranges of tolerance to microclimate change.*

I would appreciate if you could take a look at my CV to see if my profile corresponds to the type of candidate you are looking for. If it does, could you please let me know how to apply for the PhD.

Best regards

ウッド博士
博士課程プロジェクト"熱帯林無脊椎動物の微小気候変動への生理学的耐性"に応募したいと思っています。
私は現在、チューリッヒ大学の修士課程で生態学を学んでいますが、来年度の博士プログラムを探しています。先学期は"気温と降水量の変化に対するさまざまな樹種の生理学的耐性"について研究しました。現在、木と同様にアリやカブトムシもその種類によって微気候変動に対する耐性の範囲が異なるかどうかを知ることに非常に興味があります。
よろしければ私の履歴書を見て頂き、私が先生のお探しの研究生候補としてふさわしいかどうかをご検討頂ければ幸いです。もし候補として問題がなければ、博士課程プログラムへの応募方法を教えて頂けませんか？
よろしくお願いいたします。

7.13 プレースメントへの応募

アカデミックな分野におけるプレースメント（研究体験プログラム）とインターンシップは、基本的に同じことであり差はない。どちらも、自分が所属する研究所から一時的に離れて（通常は外国の）他の研究所グループのもとで研究を続けることだ。しかし、その期間をアカデミックな環境で費やすのか産業界で費やすのかによって、これら2つの言葉の意味は微妙に異なる（さらに詳しくは、https://www.wikijob.co.uk/wiki/internships-placement-or-internshipを参照）。

次の例は、ある教授にレターを書いてプレースメントの可能性を尋ねるようにと、指導教授からアドバイスを受けた学生のレターだ。

模範例

Dear Professor Weber

Urma Schmidt was in touch with me recently concerning the possibility of a placement which is a requirement for my Master's in Sociology at Malmö University.

I am required, as part of my course, to find a placement with a research group in Sociology for a minimum period of 39 days from February next year. This can be unpaid work.

I have an interest in social morphology as I worked with Dr Schmidt when she ran the Geographical Data and Settings Laboratory at the RQW. I also have considerable experience in statistics and experimental design.

Dr Schmidt is no longer active in this area but recommended that I apply to you for a potential placement. She informs me that your group is working in many of the areas where I think my experiences might be useful for your team.

I would be very grateful if you would consider me for a placement position within the research group for the period identified, or longer if required by the research project.

I aim to finish my Master's in Sociology and gain skills that will allow me to progress to a Doctoral level. I would like to develop a career in social morphology, and any assistance in gaining the required skills in this area would be greatly appreciated.

Yours sincerely

ウェーバー教授
マルメ大学の社会学の修士課程で履修が必須となっているプレースメントについて、ウルマ・シュミット先生から助言を得てご連絡いたしました。
授業の一環として社会学の研究グループのプレースメントを来年2月から39日間以上体験しなければなりません。これは無給でも構いません。
私は、シュミット博士がRQWで地理データ設定研究室を運営していたときにシュミット博士と一緒に仕事をしていたので、社会形態学に興味を持っています。また統計学や実験計画の分野でも経験は豊富です。
シュミット博士はもうこの分野で研究はされてはいませんが、ウェーバー教授にプレースメントの可能性について尋ねるようにとアドバイスをくださいました。
また、シュミット博士から、ウェーバー教授の研究グループが私の経験を生かせるような領域で多くの研究をされているとお伺いしております。
必要な期間、状況に応じてはそれ以上の期間、先生の研究グループでのプレースメントを体験できるよう検討して頂ければ大変ありがたいです。
社会学の修士号を取得して博士課程に進学できるレベルまでスキルを高めることを目指しています。社会形態学の領域でキャリアを発展させたいと考えており、そのために必要なスキルを獲得するためのアドバイスを頂ければ幸いです。
よろしくお願いいたします。

7.14 研究員/インターンシップへの応募

悪い例

Dear Professor,

I am S.A. RAMASAMY, I finished my Post-Graduation degree in Computer Science [MCA] from the Indian Institute of Technology. I am keen on doing the research work in Mobile / Wireless, Computer Networks,

Software Engineering, Graphics, Computer Architecture, Operating Systems, Databases & Data Streaming, Internet and Web Technologies. ***I am a dedicated, innovative team player*** with a strong academic background in C, C++, Java, Oracle, SQL, Informatica tools, Assembling, Installation, Trouble shooting and Maintenance. I had a work experience in networking field from June 20__ to Sep 20__ and three months of training as a Data warehouse Trainee in Business Intelligence & Solutions, Delhi from Nov 20__ to Jan 20__, and i completed in OCA certificate in Oracle.

So I am applying to the research position to your University. For your kind review, I have attached my curriculum vitae. ***I assure you that the information said in my vitae is true. So have an eye on my vitae*** and ***am expecting a positive reply from you at the earliest. Thanking You***

教授
私はS.A.ラマサミーと申します。インド工科大学でコンピュータサイエンス[MCA]を学び、卒業しました。モバイル/ワイヤレス、コンピュータネットワーク、ソフトウェアエンジニアリング、グラフィックス、コンピュータアーキテクチャ、オペレーティングシステム、データベース&データストリーミング、インターネットおよびウェブテクノロジーなどの分野での研究に大きな興味を持っています。私は献身的で革新的なチームプレーヤーであり、C、C++、Java、Oracle、SQL、Informaticaツール、アセンブリ、インストレーション、トラブルシューティング、メンテナンスなどを学んできました。20XX年6月から20XX年9月までネットワーキング分野で働いた経験があり、また20XX年11月から20XX年1月までの3ヵ月間、デリーのビジネスインテリジェンス&ソリューションズ社でデータウェアハウスのトレーニングを受けて、OracleのOCA証明書を取得しました。
貴校の研究員の募集に応募したいと思います。履歴書を添付しましたのでご確認ください。履歴書の記載内容に偽りはありません。履歴書をご確認いただき、できるだけ早期によいご返事が頂ければと思います。ありがとうございます。

このメールには、このメールが不特定多数の教授に一斉に送信されたスパムメールではないことを示すものが何一つ含まれていない。また、教授の勤務大学や学部および専門について、具体的な情報がまったく述べられていない。他にも次のような問題を含んでいる。

✏ 国によって名前の表記の方法は異なるかもしれない（例：S.A.

RAMASAMY)。国内であれば問題ないだろう。しかし、国際的なレターであれば名前＋名字と表記するのが標準だ

- カバーレターにスキルや職業経験を長く列記する必要はない。それは履歴書で述べるべきだ。1つか2つのスキルと経験にしぼって、それが先方の研究所にとってどのようなメリットをもたらすかを明確にするべきだ
- 主観的な感想、例えば「私は献身的で革新的なチームプレーヤーであり～」などは、自分にそのようなスキルがあることを証明する事例がなければ述べてはならない（*CVs, Resumes and LinkedIn: A Guide to Professional English*の第9章を参照）
- 奇妙な表現を使わない（I assure you that the information said in my vitae is trueなど）
- 母語の表現から直訳された表現を使わない（So have an eye on my vitae、am expecting a positive reply from you at the earliest、Thanking Youなど）。標準的な英語表現を使う。特に文書のやりとりにおいて、インド英語には標準的なイギリス英語やアメリカ英語とは異なる表現があるので注意が必要だ
- 不用意にyouの頭文字を大文字（You）にしない

模範例

次の例は、*CVs, Resumes and LinkedIn: A Guide to Professional English*の12.35節から引用した。この本は履歴書/経歴書の書き方やLinkedInでのプロファイルの書き方について知っておくべきことを網羅している。

Center for Economic and Policy Research
1611 Connecticut Avenue
NW, Suite 400
Washington, DC 20009

25 November 2028

Full-time Winter International Program Intern January-May 2029

Dear CEPR Staff,

PARAGRAPH 1 I learnt from your newsletter about this interesting opportunity for an intern. In fact, I have read your web pages on a daily basis since I got to know the CEPR from attending Sally Watson's lecture at the *XVIII Encuentro de economistas internacionales sobre problemas de desarrollo y globalización* last March in La Habana, and it has now become an indispensable resource for my understanding of current social and economic problems.

PARAGRAPH 2 I have spent the last academic year at the *Universidad Nacional Autónoma de México (UNAM)* on an Overseas Exchange Student scholarship from the University of Bologna. In the first semester I attended courses of the Maestría en Economía Política and the Maestría en Estudios Latinoamericanos, whereas I spent my second semester doing research for my postgraduate thesis on the perspectives of the regional integration programme *Alternativa Bolivariana para las Américas (ALBA).*

PARAGRAPH 3 Because of my past experience as head of a cultural association in Bologna I am used to working in a self-directed group and I perform well on both a personal and institutional level. I also have experience in the organization of international events, due to a long collaboration with the University of Groningen in establishing, running and consolidating the European Comenius Course in Bologna.

PARAGRAPH 4 I believe that the combination of my commitment to learning and researching, my long standing interest in Latin American issues, the skills gained from past work experience and the knowledge of CEPR commitments acquired in these months of passionate reading, will enable me to contribute immediately and directly to the CEPR as an International Program Intern.

Thank you for your time and consideration,

Best regards

経済政策研究センター
コネチカット通り1611番地
ノースウエスト、スイート通り400
ワシントンDC 20009

2028年11月25日

2029年冬季（1〜5月）国際プログラム・フルタイムインターン

CEPR事務局御中

(パラグラフ1)
私は貴研究所のニュースレターを読んで、この興味深いインターンについて知りました。昨年3月のハバナで開催された“第18回開発とグローバリゼーションの問題を考える国際エコノミスト会議”のサリー・ワトソン氏の講演会でCEPRを知って以来、毎日のようにCEPRのウェブサイトを読んでいますが、現代の社会と経済の問題を理解するうえで欠かせない情報源となっています。
(パラグラフ2)
昨年度、私はボローニャ大学の海外交換留学生奨学金を利用して、メキシコ国立自治大学（UNAM）に留学しました。前期に経済政治学修士課程とラテンアメリカ研究における修士課程の授業を履修し、後期には地域統合促進プログラム“米州向けボリバルオルタナティブ（ALBA)”の将来を論じた大学院論文のための研究を行いました。
(パラグラフ3)
ボローニャで文化協会の代表をしていた経験があるので、自主的なグループで働くことには慣れており、個人的にも組織的にも優れた仕事をすることが可能です。また、フローニンゲン大学から長期間の協力を得てボローニャでのヨーロッパ・コメニウス・コースの設立、運営、持続化に携わるなど、国際的なイベントの企画の経験もあります。
(パラグラフ4)
私の学習と研究へのコミットメント、ラテンアメリカ問題への長年の関心、過去の職務経験から得たスキル、そしてこの数ヵ月間の膨大な読書で得たCEPRのコミットメントに関する知識、これらを活用しながら国際プログラムのインターンとしてCEPRに即戦力として直接貢献できると確信しています。

お忙しい中、時間をとってご検討いただきありがとうございます。
それではよろしくお願いいたします。

このカバーレター（志望動機）を分析してみよう。

レイアウト

タイトルを太字で中央揃えにし、それ以外はすべて左揃えのレイアウトになっている。

構成

住所、日付、タイトル、挨拶、4つのパラグラフ、締めくくりの挨拶で構成されている。

パラグラフ1

応募者は、どこで募集を知ったかについて述べ、相手も知っていると思われるサリー・ワトソンの名前に言及し、CEPRの取り組みに感謝している。

パラグラフ2

応募者は、自分が研究してきたことがCEPRのニーズに完全に適合することを述べている。

パラグラフ3

応募者は、自分が貢献できること、またそのエビデンスを示している。

パラグラフ4

少し大げさな表現が使われているが、応募者が誠実で、熱心で、モチベーションの高い人という印象を与えている。レターの結びとしてはとても力強い。

次は長いカバーレター（志望動機）の例だ。

I would like to apply for a volunteer position for your "New Volunteering @ ToyHouse Project". Please find attached the application form and my CV.

I am 22 years-old, from Pisa (Italy) where I am studying Political Sciences at the University of Pisa. I came to London two years ago, and plan to go back to Italy to finish my degree in June next year.

Currently I'm looking for an opportunity to develop my skills and knowledge in charities and social organizations. The ToyHouse Project appeals to my long-standing interest in childcare and education. In fact, from the age of 15 to 20 I worked as a dance instructor with children from 3 to 12 years of age. It was an amazing working experience that has changed my approach to life and also influenced the choice of my degree. Working with children at such an early age made me really conscious about child labour and how this above all affects developing countries. In addition, during my teenage years I spent I worked at summer camps. My ultimate dream would be to work either in my local community or abroad with NGOs and charities, to help deal with these issues and especially to try to help give these children their childhood back.

I would greatly appreciate the opportunity to be part of your team, and feel sure that your organisation would benefit from my versatile skills. I love spending time with kids and feel that I would be a particularly appropriate person for your Early Years Softplay and Sensory Softplay programs. In addition my fitness training and teaching practice would be appropriate skills for your outdoor Olympic theme program, Hop, Skip & Jump. Furthermore thanks to my experience in the retail sector, I can offer great customer service and help in selecting and stocking toys. Regarding my recent work experience, you will notice from my CV that I have changed jobs quite frequently - each new job has resulted in a higher salary and greater responsibility, and of course, new and useful experiences. I hope you will consider my application because I believe that with my work experience and skills, I would be a positive addition to your team.

I look forward to hearing from you.

御社の「新ボランティア@トイハウスプロジェクト」のボランティアに応募したいと思います。申込書と履歴書を添付しています。
私はピサ（イタリア）出身の22歳で、ピサ大学で政治学を学んでいます。2年前にロンドンに来て、来年6月に学位を取得するためにイタリアに戻る予定です。
現在、慈善団体や社会団体で自分のスキルや知識を深める機会を探しています。
保育と教育に長年興味を抱いていましたので、トイハウスプロジェクトは私にとって非常に魅力的です。実際、15歳から20歳まで、ダンスインストラクターとして3～12歳の子供たちにダンスを教えていました。それは私の人生観を変えた素晴らしい経験であり、進路の選択にも影響を与えました。若い頃に子供たちと一緒に働いたことで、児童労働について、またそれが発展途上国で与える影響について、強く意識するようになりました。10代の頃にはサマーキャンプで働いた経験もあります。私の最終的な夢は、地元のコミュニティあるいは海外のNGOや慈善団体で働き、これらの問題、特にこれらの子供たちが子供時代を取り戻すことを助けることです。
御社のチームの一員になれれば大変嬉しく思います。私の多彩なスキルが御社の役に立つと確信しています。私は子供たちと過ごすことが大好きで、Early Years SoftplayやSensory Softplayのプログラムには特に適していると思います。また、私のフィットネストレーニング法と指導法は、御社の屋外オリンピックをテーマにしたプログラム、“Hop, Skip & Jump” に適したスキルとなるでしょう。さらに、小売業で働いた経験もあるので、素晴らしいカスタマーサービスを提供し、玩具の仕入れと在庫管理をサポートすることができます。私の最近の職務経験については、履歴書を見ていただければ分かると思いますが、何回か仕事を変えています。しかし、新しい仕事に就くたびに報酬は上がり、責任も大きくなり、もちろん新しい経験を積むことができました。これまでの仕事の経験とスキルを使ってきっとお役に立てるという自信がありますので、私の応募をご検討いただければと思います。
ご連絡をお待ちしています。

この応募者のレター作成の戦略を分析してみよう。

- 仕事に関連する最も中心的なことについて書き、自分がそれらのニーズにいかにフィットしているかを伝えようとしている
- 自分が大きな情熱と興味を持っていること、また仕事の内容を明確に理解していることを示している。そうすることで自分が適任者であることを強調し、自分を他のすべての応募者から差別化できるはずだ
- 履歴書に記載してある情報にふれている。人事担当者が履歴書を詳細に読むとは思っていないからだ
- 自分の利益のことだけを考えて応募していると誤解されるようなことを書かない。先方にも利益があることを明確にしている

第8章

レファレンスレターを依頼する

ファクトイド

*U.S. News & World Report*によると、89%の人が職場環境での無礼行為は深刻な問題であると言い、79%が過去10年間で悪化したと言い、98%が自分自身は無礼ではないと言っていることが分かった。

*

調査により、アメリカの大学生の95%が仕事を得るためなら嘘をつくことを厭わないことが分かった。

*

仕事ができなかったときの典型的な言い訳には、「サーバーがダウンしていたのでメールを受信できませんでした」「犬が仕事を食べてしまいました（子供の言い訳“犬が宿題を食べちゃった”からの転用)」「ボイスメールを残していますけど」などがある。

*

*Fortune*誌はかつて、中間管理職の20～30%が不正な内部報告書を書いたことがあると報告している。

*

平均的なアメリカ人労働者は、1日の仕事中に50回の中断が入る。そのうちの7割は仕事とは無関係だ。

*

*Fortune*誌が1960年代に実施した調査では、従業員が最も高く評価することの10位にチームワークが選ばれていた。2000年代に行われた追跡調査では、チームワークは1位に選ばれた。

*

職場の同僚を最もイライラさせる3つの習慣は、大声で話すこと、迷惑な着信音、ハンズフリー機能を使った長電話であった。

*

在宅ワークは、従業員にとっても雇用主にとっても、オフィスで仕事をするよりもメリットが大きいことが分かった。

＊

会社のデスクに置かれているものの5個中2個以上が仕事とあまり関係ないもの（ホチキスや鉛筆など）であれば、あなたはプロ意識が低い人と思われてしまうだろう。

＊

仕事中に仕事とはまったく関係のないことで何回か休憩をとれば、仕事を再開したときの生産性が高まる。

8.1 ウォームアップ

次の問いについて考えてみよう。

- レファレンスとは何か？
- これまでにレファレンスを書いてもらったことがあるか？　もしその内容を見たことがあれば、満足できるものであったか？　その（そうでない）理由は？
- 推薦人はいつどのようにして選ぶべきか？
- 自分のレファレンスレターを自分で書いて、推薦人に署名してもらうことに倫理的な問題はないか？

本章では次のような内容を解説する。

- レファレンスとは何か？
- レファレンスの依頼の仕方
- レファレンスレターの書き方

さらに詳しくは *Cover Letters in CVs, Resumes and LinkedIn: A Guide to Professional English*の第11章「レファレンスとレファレンスレター」を参照。

8.2 レファレンスとは

インターンシップや研究職に応募するとき、応募者はレファレンス（照会先）の提出を求められる。レファレンスとは、あなたのことをよく知っている、またはあなたが勤務したことのある研究所の指導教官（通常は教授が多い）の名前だ。

推薦人とは照会先として名前が挙がっている人のことで、後日、“将来の雇用主”から書面または電話で応募者の評価を行ってもらいたいと依頼されることがある。

通常は履歴書や経歴書の最下段に3、4人の推薦人の名前を次のように記載する。

- 論文指導教官の場合
  Professor Ekaterina Alenkina (my thesis tutor), University of London, e.alenkina@londonuni.ac.uk, www.ekaterinaalenkina.com

- 3ヵ月間のインターンシップでご指導頂いた先生の場合
  Professor Johannas Doe (in whose lab I did a 3-month internship), University of Harvard, j.doe@harvard.edu, www.harvard.edu/johannasdoe

推薦人の情報として次のような内容を提供しよう。

- 氏名
- 自分との関係
- 勤務先
- メールアドレス（人事担当者が推薦人に連絡できるように）
- ウェブサイト（人事担当者が推薦人をよく知ることができるように）

8.3 レファレンスレターを依頼する

レファレンスレター（推薦状）とはあなたの学業成績や人となりについて推薦人に書いてもらうレターだ。

レファレンスレターは、まだ推薦人にインターンシップや博士課程でお世話になっていていつでも連絡が取れる間に依頼するのがよい。推薦人に直接会ってお願いできるからだ。数ヵ月経ってから連絡してもはっきりと思い出してもらえないかもしれないので、推薦人があなたのことをよく覚えている間に依頼することが重要だ。

次のメールの問題点を考えてみよう。

Hi Susan,

I am applying for a PhD in Denmark and I was hoping that I could add you as a referee. Here is a link to the PhD offer: http://www.edu.dn/1788674/skole. The deadline is for January 15 so let me know if you are too busy and do not have time to do it. If you don't mind being my referee there is a recommendation form to be filled out before the 15th on this link:

www.edu.dn/1788674/referee.

The code is BORGEN_0608.

Merry Christmas!

Hildegard Bingen

こんにちは、スーザン
私はデンマークの大学の博士課程に応募しようと思っています。あなたに推薦人の一人になって頂いてもよいでしょうか？　この博士課程については、http://www.edu.dn/1788674/skoleから詳細をご確認ください。1月15日が締め切りですので、もし忙しくて時間がとれそうになければその旨ご連絡ください。もし推薦人になって頂けるのであれば、以下のリンク先にレファレンスレターのフォームがありますので、そこから15日までに作成して頂けませんか？　ひな形は次のリンクからダウンロードできます。
www.edu.dn/1788674/referee
コードはBORGEN_0608です。
それではよいクリスマスをお過ごしください。
ヒルデガルト・ビンゲン

このメールには次のような問題点がある。

- 自分の元指導教授に対してファーストネームで呼びかけているが、インフォーマルすぎるかもしれない（その教授と親しい関係にあったのであれば問題ないだろう）
- スーザン（ヒルデガルトが推薦人になってほしい教授）はヒルデガルトのことは覚えていないかもしれない。教授たちは毎年何百人という生徒に接しているので、すべての生徒を覚えることはとうてい不可能だ

実際、ヒルデガルトは次のような返信を受け取った。

It's been a while since you've been here and I'm rusty on details. To do a reference properly I need an update. Can you send me on an updated CV so I can write a more informed one?

I should be able to find time, but as before please contact me on the 14th just to make sure I don't forget!

大変ご無沙汰しております。しかしあなたのことは詳しくは覚えておらず、きちんとした推薦状を書くためにも、最新の履歴書を送って頂けませんか？
推薦状を書く時間はありますが、忘れるといけないので14日に確認の連絡を頂けませんか？

要点をまとめると、

- 自分が誰であるかを推薦人に思い出させる。例えば、I worked in your lab last summer. やI was the student from Germany. などのように説明してもよい
- 履歴書は最新版を添付する（ファイル名は［CV+自分の名前］とする）
- 履歴書に自分の顔写真を載せる。推薦人はあなたの名前を覚えていなくても顔は覚えているかもしれない
- レファレンスレターを書かなくてもよいという選択肢を推薦人に与える（例：if you are too busy ...）
- 締め切りが近くなったら、依頼人にリマインダーのメールを出す

8.4 レファレンスレターの典型的な質問

推薦人は、あなたが応募しようとしている大学のオンライン上でレファレンスレターを作成するのであれば、次のような典型的な質問に答えることになるだろう。

1. あなたは応募者をいつから知っていますか？　それはどの専門分野においてですか？
2. 応募者の主な強みと弱みは何だと思いますか？
3. 応募者の業績を1つか2つ、具体的な例を挙げて教えてください。
4. 応募者のMBAや博士号取得課程のプログラムに対する適性についてあなたはどう思いますか？
5. 応募者に関して何か他に情報がありますか？

大学側から推薦人に直接連絡があるかもしれない。以下はそのようなときの典型的なメールだ。

re Ms Haana Mahdad

The above named student has applied to our Department for admission to a Postgraduate Programme of Study (PhD) and has given your name as someone who can inform me of her ability to undertake advanced study and research leading to a higher degree in Physics.

Would you please let me know, in confidence, your opinion of Ms Mahdad's ability, character and capacity for postgraduate study.

Thank you in advance for your cooperation.

ハーナ・マーダッドさんについて
上記の学生が大学院博士課程への入学を申請しています。彼女は、自分が物理学の学位取得につながる高度な研究を行う能力を備えているかどうかを評価して頂ける人物としてあなたの名前を挙げています。
マーダッドの能力、人となり、大学院での研究に通用する学力を有しているかなどについて、内密にあなたの意見を教えてくださいませんか？
ご協力ありがとうございます。

もしこれが企業への求職申し込みであれば、専門のエージェントが間に入ってあなたの適性を判断することになるだろう。そしてエージェントは推薦人に次のような質問をするだろう。

1. 応募者と最後に連絡を取ったのはいつですか？
2. 応募者のことはある程度の期間ご存じだったと思いますが、応募者のマイナス面や性格について私たちのほうで何か理解しておいたほうがよいことがありますか？
3. 応募者の誠実さを疑う理由が何かありますか？
4. もしあなたが今回の欠員を募集する立場であれば、あなたはこの応募者を採用しますか？
5. あなたならこの応募者をどのように評価しますか？

8.5 自分のレファレンスレターの書き方

指導教授の時間を節約するために、また自分の業績とスキルをすべて正しく記入するために、自分で自分のレファレンスレターを書いてもよい。そして指導教授にみてもらって署名してもらう。もちろん、何か修正すべきことがあれば修正してもらおう。

レファレンスレターを自分で書く方法については、*Cover Letters in CVs, Resumes and LinkedIn: A Guide to Professional English*の第11章で解説している。

8.6 レファレンスレターの構成とテンプレート

以下にレファレンスレターの基本構造を示す。

[1] 応募者の名前を太字で
[2] 書き出しはポジティブなトーンで（例：It gives me pleasure to ...)
[3] 推薦人の職業（例：I am an assistant professor at ...)
[4] 推薦人と応募者の関係（例：I was the candidate’s tutor during ...)

[5] 応募者の資質について詳しい情報
[6] 応募者の性格について
[7] 結論もポジティブなトーンで（例：I can strongly recommend the candidate ... I very much hope her candidacy will be taken into serious consideration ...）
[8] 結びの挨拶（例：Best regards）

レファレンスレターの典型的な例：

Carina Angbeletchy [1]

I am pleased to have the opportunity to thoroughly recommend Carina Angbeletchy [for the position of ...] [2]

I am a full professor at the Department of Social Sciences at the University of Grenoble. [3]

I was Carina's supervisor while she was doing her Master's of Science in ... She was also a student in my class on linguistic anthropology. [4]

During her Master's thesis, Carina demonstrated great intuitiveness in solving ... In fact, she played a major role in ... She also ... [5]

Although Carina is rather shy and reserved she works extremely well in teams, both as a team member and team leader. She showed a clear demonstration of these skills when ... [6]

I very much hope that her application will be taken into serious consideration as I am sure that Carina Angbeletchy represents an excellent candidate. [7]

Best regards [8]

カリーナ・アングベレクチ [1]
カリーナ・アングベレクチを～のポジションに自信をもってお勧めします。[2]
私はグルノーブル大学の社会科学部の正教授です。[3]
私はカリーナが社会科学の修士号の取得を目指して学んでいたときの指導教官でした。彼女は私の言語人類学のクラスの学生でもありました。[4]
カリーナが修士論文を書いているときのことでしたが，彼女は～の問題を解決して優れた直観力を有していることを証明しました。実際、～において大きな役割を果たしました。また彼女は～。[5]
カリーナはやや内気で控えめですが、チームの中ではチームメンバーとしてもチームリーダーとしてもよく働きます。カリーナは、～のときに、これらのスキルを有していることをはっきりと証明しました。[6]
カリーナ・アングベレクチが非常に優秀な候補であることに間違いはありません。私はカリーナの応募が真剣に検討されることを願っています。[7]
よろしくお願いいたします。[8]

第9章

研究提案書・研究趣意書を書くコツ

賢者の言葉

実施する価値のない研究プロジェクトは、上手に実施できてもそこから価値は生まれない。 （ゴードン）

＊

誰でもプランは持っている。ただうまくいかないだけだ。 （ハウ）

＊

何をやっても失敗するなら、マニュアルを読め。 （アレン）

＊

難しいからといって努力する価値のあることだとは限らない。 （ゲーベル）

＊

研究は報告に時間をかけるほど専念する時間が減る。報告に時間をかけなくなったとき、研究に専念することができる。 （コーン）

＊

どれほど大きな問題も、小さな問題の集積にすぎない。 （ホーア）

＊

たいていの事は徐々に悪化する。 （イサウイ）

＊

事実が理論に一致しないならば、没にしなければならない。 （マイアー）

＊

正しい推論を連続して3つ作り出せば、専門家としてやっていける。 （ライアン）

＊

明確な答えほどいつも見逃されがちだ。 （ホワイトヘッド）

（*Murphy's Law and Other Reasons Why Things Go Wrong*から引用）

9.1 ウォームアップ

(1) 博士課程研究計画書（PhD proposal）のライティングコースの開講を大学に求めたいとしよう。その考えを仲間の学生たちと話し合っているつもりで、強調したい点をできるだけ数多く考える。次に、その中から大学の委員会を納得させるために特に伝えたい点にしぼる。

提案を考えるときのポイント

1. 委員会は何を知りたがるだろうか。
2. 博士課程研究計画書執筆の困難さについて、委員会はどの程度の知識を持っているだろうか。委員会に効果的に伝えるにはどうすればよいか。
3. 委員会には他にどのようなコース（活動、備品購入）の要望が出されていると思うか。他よりも自分の要望のほうが重要な理由は何か。

(2) 資金を集めるために研究提案書（research proposal）を作成する場合、研究者は以下の項目について書くことが多いが、他にも言及すべきと思う項目はないか。

- テーマ・トピック
- 背景
- 目的
- 研究デザイン
- スケジュール
- 費用

本章では、研究提案書の書き方を網羅的に説明するのではなく、重要なポイントにしぼって解説する。研究の重要性を強調した明快な英文ライティングについては『ネイティブが教える 日本人研究者のための論文の書き方・アクセプト術』（講談社）第2～8章を参照していただきたい（研究提案書の内容については解説していない）。

本章は多くの専門家の力をお借りして執筆した。9.3節は潜在的な博士候補者に向けたトップ教授らからのアドバイスに基づく。9.4、9.5節は非常に有益なウェブサイト（https://chroniclevitae.com/news/820-research-statements-versus-research-proposals）に記載されている考え方に基づく。9.5節は、*Writing a Statement of Purpose or Research Interest*と題されたコロラド大学ボルダー校のロルフ・ノルガード教授の文書を参考にした。

本章では以下に挙げる文書の書き方についてアドバイスする。

- 外部資金申し込みのための研究提案書
- PhDプログラム応募用の研究提案書
- ポスドク応募用の研究提案書
- 志望理由書（statement of purpose）
- 研究趣意書（research statement, research interest, statement of research interest[s]）

9.2 外部資金申し込みのための研究提案書

外部の資金に申し込む場合、まずは誰がどのようにあなたの提案書を評価するかを知らなければならない。世界各地の審査担当者がどのように審査を実施する傾向にあるかを、以下に簡単にまとめた（もちろん、全員が同じ次の5段階を同じ順序で進むわけではない）。

第1段階：審査担当者が提案書を受け取る（15部まで）。
第2段階：全体をざっと見ながらできるだけ多くの提案書を素早く却下する。履歴書を読む採用担当者のように、審査担当者も時間の無駄を嫌う。
第3段階：明確な目的とベネフィットが示されたわかりやすい提案書を選ぶ。
第4段階：詳しく検討する提案書を4～5部選ぶ。
第5段階：審査委員会で擁護・支持・奨励する提案を最終的に1～2部にしぼる。審査担当者は、自分が選んだ提案を推すために、他の提案の欠点を見つけようとすることもある。

審査担当者が提案書を読む時間と手間を最小限に抑えることが重要だといえる。では、どのように抑えるかを考えよう。まず、明確で現実的な目的を持つこと。次に、明瞭で簡潔な英文を書いて研究の新規性を強調することだ。

審査担当者がチェックする項目

1. 提案された研究の、最新研究との適合性、貢献度、独創性、革新性、先進性
2. 問題解決の真の必要性
3. 学際性
4. 目的の明確さ（提案の目的が理解できない場合、審査担当者は読むのをやめるだろう）
5. 目的の実行可能性、信頼性
6. 手法・方法の適切さ
7. 予定している研究機関における適切な専門知識の有無
8. 提案書作成者の経歴の優良度、透明性
9. 予見される結果の提示の明確さ
10. 結果の他の分野への応用可能性
11. 中間目標の現実性
12. コストの現実性
13. 期待される結果が得られるとして、そのコストに対する正当性
14. 獲得される新たな知識から産業界が得る利益の大きさ
15. 国または地域全体が得る利益、競争力、威信の大きさ

大切なことは、あなたは自分の考えを「売る」必要があるということだ。提案書が無味乾燥に響いてはならない。審査担当者はあなたのプロジェクトを他のプロジェクト（あなたのプロジェクトよりずっと注目のトピックかもしれない）と比較して選ぶということを忘れてはならない。友人や家族を思い浮かべてみてほしい。彼らはあなたのプロジェクトに税金を投入すると知って幸せを感じるだろうか。資金が得られなければ、プロジェクトはどうなるだろうか。すなわち、プロジェクトには財源を投入する価値があるのだろうか。いずれどこかで役に立つはずのそのプロジェクトから、どのような学びを得られるだろうか。

その他、提案書に関して検討すべき項目については、9.5節のノルガード教授の引用を参照すること。

9.3 PhDまたはポスドク応募用の研究提案書の書き方

研究提案書は、フェローシップ期間中に行いたい研究の概要と研究方法を提案す

る文書だ。

以下に、PhDやポスドクのポジション応募用の研究提案書を作成する際に検討すべき提案や疑問をまとめた（ポスドクの提案書については→**9.4節**）。提案書については、プログラム開始の何ヵ月も前から考え始める必要がある。働きたいと考えている研究機関に、準拠すべきガイドラインがあるかどうかを確認しよう。

- まず、研究課題に焦点を当てる。新たな視点を生み出すものか、すでに多くの論文が何年にもわたって取り上げている課題を扱うのか
- 関心のある分野について意欲がある理由、重要と考える理由を深く掘り下げる。文献を深く研究するのはもちろんのこと、PhDアドバイザーとの話し合いを持つ
- 情熱を感じる分野を見つけたら、リサーチギャップを見つける（今後3年間、そのトピックを扱うことになるため、情熱を持って取り組めるトピックである必要がある）。最先端の研究の何が問題となっているか。そのギャップはあなたが論文で埋められるものか。十分な理論が存在するか。その場合、現在の理論の何が課題か。それをどのように前進させられるか
- 現在、使用されている技術に関する問題の場合、最先端の技術を改善するために新たな技術、装置、手法を考案することは、どの程度、実現可能か
- 仮説を検証するために使用する（理論的または現実的）モデルはどのようなものか

すべての文章について、提案書の審査担当者が理解できるように書く。特に、審査担当者の住む国とあなたの住む国を比較して述べるときには注意すること。自分にとっての常識は、審査担当者にとってなじみがないかもしれない。

出典と参照文献がすべて正しいことを確認する。最後に、9.2節に記載したチェック項目を提案書作成時にも参考にする。

9.4 PhDプログラムとポスドク募集の研究提案書の違い

ポスドクのフェローシップ（研究奨学金）募集に応募するときは、次のような点も考慮する必要がある。

1. 自分の博士論文や発表論文について説明するときには、この分野で研究を継続する必要性を説明する。説得力があり、有無を言わせないほどの理由が必要だ。
2. 研究の内容とスケジュールを要約しよう（セメスター別、各セメスター内の月別）。
3. 自分の専門分野の何を指導できるか、コースと指導計画を説明できるようにする。
4. あなたが参加することを受け入れる研究機関にとっての利益と、研究機関の使命を前進させるためのあなたの貢献について説得できるようにする。

グラント（研究助成金）やフェローシップの数は非常に限られている。提案書では、自分が設定した具体的な期限内に目的を達成するために必要なスキル、経験、特質を特にあなたが有していると証明しなければならない。

9.5 志望理由書と研究趣意書の書き方

カレン・ケルスキー博士の*The Professor Is In: The Essential Guide to Turning your Ph.D into a Job*（教授という仕事が熱い：博士号を仕事に活かす必須ガイドブック）（未邦訳）を引用する。

> 「仕事に応募するための研究趣意書とは、すでに修了した学業や、研究分野への貢献内容、研究から発展した出版物や講演を説明する2～4ページの文書である。次に計画しているプロジェクト、および今後または過去のグラント、講演、出版物についても説明する。」

志望理由書や研究趣意書は、グラントやフェローシップの応募はもちろんのこと、大学院の応募書類にも必要とされることが多い。この文書の目的は、入学審査委員会やグラント機関にあなたの研究への興味や研究テーマを理解してもらうことだ。

さらに、ライティングスキルを証明する実例にもなる。

研究趣意書は、過去の研究の要約であると同時に、将来の研究の提案でもあるため、現在の目的や知見に加え、将来的なゴールも含めるべきだ。

コロラド大学ボルダー校のロルフ・ノルガード教授は次のように説明している。

> 「研究について、具体的に興味のある内容や経験を伝える際には、大学院での研究にあなたが適していることについて、またあなたにグラントを与えることの価値、およびそれが成功をもたらす可能性について俯瞰して語ること。あなたとまったく同じ分野や近い分野以外の研究者が文書を読む可能性があることに注意し、自分とは異なる分野の専門家や研究者にも説得力を持つ内容にする必要がある。
>
> 志望理由書や研究趣意書を、グラント機関のRFP（request for proposals：提案書に対する要請）の規定や特定の研究機関の仕様に常識の範囲内でカスタマイズすることは重要だ。おおざっぱな総括、使い古された言い回し、実現する可能性のない理想論は避ける。そのためには、具体的な根拠と実例により、自分が若きプロフェッショナルとしてすぐ次のステップに進む用意ができているという主張を確立する。」

志望理由書や研究趣意書の長さは比較的短く、500～1,000ワードにすることが多い。研究の実施を計画している研究機関に選抜基準や評価のシステムを問い合わせるべきだ。語数制限がある中で何を残し、何を省くかを判断することができる。

ノルガード教授は以下のような構成を勧めている。

第1パラグラフ

大学院やフェローシップ、グラントに関連させて自分のゴールを簡潔に示す。プロフェッショナルらしい文体で書く。

第2パラグラフ以降

あなたのゴールが十分な根拠に基づいていること、キャリアプランが応募する研究機関やグラント、フェローシップにふさわしく、経験も人となりも問題がないことを、説得力を持って示す。

最終パラグラフ

専門的ゴールに向けた自分の意欲と準備状態を、簡潔に再提示する。

第10章 建設的に批判する方法

賢者の言葉

機転とは、相手を敵にまわすことなく主張を通す芸術だ。

アイザック・ニュートン（イギリス人物理学者、数学者、天文学者）

＊

情報を処理し、物事を決定し、状況を評価する我々の思考にはバグ、すなわち根本的な欠陥がある。（中略）人は、他人の行動について、その状況や背景を考えずに、人格によるものと考えがちだ。

アンディー・ハント

（『リファクタリング・ウェットウェア』 オライリー・ジャパン著者）

＊

メールはすぐに届くため、受信者の近くにいて、面と向かって会話しているかのような錯覚を与えられる。同時に、実際には面と向かっていないため、メールの匿名性に守られ、実際にその人の前にいるときよりも批判しやすいようだ。よく知らない相手とメールを交わすとき、曖昧な表現は、根拠はないものの悪意のある内容を含むとしてネガティブに解釈されることが多い。電話や動画のような瞬時の応答がないため、メールでは次第に礼節さに欠けるメールの送りあいを続けてしまいかねない。

ジャニス・ナドラー

（ノースウエスタン大学法学部教授　アメリカ法曹協会研究教授）

10.1 ウォームアップ

(1) すでに書き終えた論文または現在執筆中の論文を1つ用意しよう。アブストラクトまたは考察を研究仲間のものと交換する。自分が査読者になったつもりで、仲間が書いたものについてコメントを短くまとめる。書き終えたら、他人の研究を批評するうえで難しかったことを仲間と話し合おう。

本章では、仲間の研究についてインフォーマルだが批判的な評価の書き方を解説する。

自分の知っている人のためにレビューを書くときには注意が必要だ。もちろん、相手を傷つけたくはないだろう。しかし、原稿に問題があった場合、相手にとってはその問題の存在、そして修正する方法を知ることは重要だ。実際、あなたが査読者になったつもりで、この段階でできるだけ多くの問題を見つけ出すことができればできるほど、その論文が最初の投稿で受理される可能性は高まる。

10.2 メールが批評をするときの最適な手段かどうか判断する

スタンフォード大学経営大学院で組織行動論を教えるマイケル・W・モリス教授が実施した研究では、以下のことが分かっている。

- すでに受信者のことを知っている場合、メールが最も効果的
- 受信者を知らない場合、まず電話をする。緊張がほぐれるため、その後のコミュニケーションが非常に円滑になる
- 電話をしたくない場合、本題に入る前にまず、数通の挨拶メールを交わす
- 繊細な問題、気まずいトピックはメールで伝えない。受信者がどのように反応するか見えないため、ダメージを制御できない

ただし、エディターへの電話連絡は賢明とは言えない。原稿に関するすべてのコミュニケーションはメールで行うことが通常の進め方だ。それ以外、例えば共著者、

研究仲間、教授とのコミュニケーションでは、メールで誤解される可能性があるときに電話は有効な解決方法となるだろう。

10.3 メールが読まれるときの状況を考える

メールを書く前、書いている間、書いた後に受信者がどのように反応する可能性が高いか、自分に問いかけること。感情移入してみよう。自分が受信者だと想像し、喜怒哀楽を感じてみよう。

また、受信者はあなたのメールをどのような状況で読むだろうか。家でリラックスしているときか、職場でストレスを感じているときか。

受信者は次のように思うかもしれない。

- なぜ、そんなことしなくちゃならないんだ
- どうしてこのようなことを書くのだろう。この人にはこんなことを書く権利があるのか
- なぜ私に伝えてくるのだろう。一体どうしろというのか

受信者の立場に立って、相手の不安や期待を想像しながらメールを書こう。否定的に受けとめられるメッセージを書いてはならない。相手は自分なりにベストを尽くしているはずだ。ぶっきらぼうに書いても、強く批判しても効果はない。

10.4 批判ばかりが目立つメール構成にしない

アカデミアではよくあることだが、研究仲間の研究を批判するときは、相手が批判されているにもかかわらず前向きに反応できるようなメール構成にすることが必要である。

草稿の素読みやチェックを頼んできた人は、あなたに見せる前に何ヵ月もかけて用意しているかもしれない。おそらく非常に神経質になっているだろう。あなたは

レビューの依頼者と良好な関係を保ちたいはずだ。

批判のみに焦点が当たらないメール構成（8ステップ）

(1) まず、感謝を示す。自分が役に立ちたい、協力したいと思っていることを示し、受信者との間に橋をかける努力をする。

> Thank you for sending me the revised version of our paper ...
> （〜の論文の修正版をお送りくださりありがとうございます。）

> I really appreciate being given the chance to ...
> （〜する機会を頂き誠に感謝します。）

> It's good to know that you have solved the issues raised by the referees.
> （査読者が挙げた問題点を解決できてよかったですね。）

> Thanks for sending me your manuscript. It's looking really good, well done!
> （原稿を送ってくださりありがとうございます。とてもよさそうです。お疲れさまでした。）

> I enjoyed reading your paper. It contains a lot of really useful data. I am impressed!
> （興味深く拝読しました。大変有益なデータが多く含まれています。素晴らしいです。）

いずれにしても、受信者によいニュースを届けられるオープニングにすべきだ。

(2) 相手が達成しようとしている全体的な目的に対して同意を示す。論文への興味と、研究/原稿のどの部分に同意するかを示す。

> Your aims seem well grounded and I think there is real innovation.
> （目的はしっかりとした根拠に基づいており、真のイノベーションだと思います。）

> I think you have highlighted your contribution clearly.
> （貢献内容を明確に強調できていると思います。）

> I agree that it is extremely important that we ...
> （〜が非常に重要だという点に同意します。）

You are absolutely right when you say the focus should be ...
(〜に焦点を当てるべきだという意見はまさしくそのとおりです。)

(3) 相手のよい点を挙げる。

Your methods are really clear and I think readers would have no problem replicating them.
(方法が非常に明確に書かれているので、読者が再現するときに問題は起こらないと思います。)

The abstract looks great. Very clear and concise, and not too much introductory stuff.
(アブストラクトが素晴らしいと思います。非常に明確で簡潔。前置きが長すぎないですね。)

Your rewritten Conclusions are much clearer now.
(結論を修正なさって、ずっとすっきりしました。)

The aims of the paper seem so much more focused now.
(研究の目的がさらに明確になったと思います。)

(4) 懸念を示す(批判を始めるのはこの段階から)。

I notice that ...
(〜と気づきました。)

I am not completely convinced by ...
(〜にはあまり納得がいきませんでした。)

It seems to me that it might be better if we ...
(〜とするともっとよいのではないかと思いました。)

Please could you clarify for me why you have ...
(〜した理由を説明していただけますか。)

(5) あなたが行った修正を著者に伝える。

I have read the manuscript carefully and made several changes to the text, including a couple of additions.
(原稿をじっくり読ませて頂き、いくつか変更を加えたり追加したりしました。)

I hope that in doing so I have not altered the sense of what you wanted to say.
(趣旨を変更していなければよいのですが。)

In any case, please feel free to disregard ...
(いずれにしても～を無視してくださって構いません。)

Where possible, I have tried to ... Nevertheless, I think, the paper still needs some work before you send it to the journal.
(可能な限り～しましたが、やはりジャーナルに提出するまでに、まだもう少し手を入れたほうがよいと思います。)

(6) 間接的に提案する。

In the past, I have found it useful to ...
(以前、～すると役に立ちました。)

The referees might appreciate it if we ...
(～すると査読者は評価してくれるかもしれません。)

I think we're nearly there, we just need to ...
(ほとんど完成だと思いますが、～する必要がありますね。)

I would be very happy to talk through these ideas ...
(これらの考え方についてはいつでも詳しく説明させていただきます。)

Let me know if you'd like to Skype some time this week.
(今週中にSkypeを使って私とお話しされたければお知らせください。)

(7) よりいっそうの協力を提案し、都合のよい日時を伝える。

> If you need any more help, then don't hesitate to contact me. I am on vacation next week, but will be back the week after.
> （さらにお手伝いできることがあれば、遠慮なく連絡してください。来週は休みを取りますが、その次の週には戻ります。）

> I would be happy to talk through the changes I suggested to the Discussion.
> （考察の中で提案した変更について、詳しく説明させて頂きます。）

> Please keep me up to date with the progress of this manuscript and let me know if you need any further help.
> （原稿の進捗状況とさらに手伝いが必要かどうか、時々知らせてください。）

(8) 前向きな言葉で締めくくる。

> Thanks again for all your hard work on this.
> （今回はお疲れさまでした。）

> As I said, you've made a substantial improvement to the manuscript. Thank you so much.
> （先ほども書きましたが、原稿はグンとよくなりました。ありがとうございました。）

10.5 前向きなトーンで書き始める

第1センテンスの書き方が、その後に続くメール全体の解釈を左右する。

受信者は、第1センテンスを読んでこれは前向きで役に立つと感じた場合、残りの文章の中にも同様に役立つ情報を探しながら読むだろう。ポジティブな第一印象を裏づける言葉やエビデンスに目がいくものだ。逆に、ネガティブな第一印象を受けたときも同様である。受信者は、敵対や反発の感情を抱いた場合、そのネガティブさを確認するために残りのメールを読んでしまう。

最初の数行の内容を前向きにするのはよいことだが、コメントの書き方には注意しよう。例えば次のようなオープニングだ。

> I have looked through your presentation and think it's quite good. Just a few comments:
> （プレゼンを最後まで拝見しました。とてもよいと思います。少しだけコメントします。）

このようなオープニングは、少々否定的だ。quite goodは「非常によい」から「十分だがすごくはない」までのいずれにも解釈されうる、少し危険な表現である。quite（とても）が話すときのイントネーションに大きく左右される単語だからだ。もちろん、メールではイントネーションを表現できない。

次の表の左側に記載したコメントを受け取ったときの気持ちを想像してみよう。おそらくかなりがっかりするだろう。右側の表現では、受信者は批判を正しく受け止めるための心の準備をすることができる。

✕ あまり励みにならない	○ 励みになる
● Your presentation is OK. （プレゼンはよかったです。）	● It's looking really good—I love the way you've used photos. （とてもいいですね。写真の使い方は特によいと思います。）
● It looks fine. （よさそうです。）	● Overall it looks excellent and the conclusions are very clear. （全体的に大変素晴らしく、結論は明快です。）
● I looked at your presentation. Here is a list (non-exhaustive) of things you need to change: （プレゼンを見ました。変更する必要がある部分を以下に列挙します［すべてではありません］。）	● I've now had a chance to go through the presentation and I thought you might like a few suggestions. （プレゼンを最後まで見させていただきました。もしよろしければ、いくつか提案したいことがあるのですが。）

- You need to improve the following points in your presentation:
（プレゼンの中で以下の点を改善する必要があります。）

- It's pretty impressive, well done. Here are just a few comments which you are welcome to ignore.
（大変素晴らしいです。お疲れさまでした。少しだけコメントをしますが、無視してくださってまったく構いません。）

10.6 建設的に批判する

他人の研究を批判する必要がある場合、前向きな語調でコメントしたほうが相手から受け入れられる可能性は高くなる。

共著者が方法のセクションの初稿を書いたとしよう。複数の教授による協力体制の中で研究しているため、実のところ、その共著者（外国の別機関の研究者）のことはよく知らない。ほとんどのコミュニケーションはメールを使い、直接会ったのは2度だけとする。

共著者が重大な間違いを3つ犯しているとしよう。

- 記述していない重要なステップがある
- 入手先を明らかにしていない物質がある
- スペルを間違っている物質名がある

以下に、建設的に3つのポイントを伝えることができていない典型的なメール例を示す。

Dear Paul

I have had a look at the Methods section and there are several problems with it. First you have missed out two crucial steps (i.e., blah and blah). Second, you haven't spelled some of the names of the materials correctly. Last but not least, you have failed to provide the sources of some of the materials.

I am reattaching the draft with various other suggested changes and additions.

Please could you make the other necessary changes and send me the draft back by the end of this week. It is now quite urgent.

Best regards

Maria

ポール
方法のセクションを読みましたが、いくつか問題があります。まず、重要なステップを2つ抜かしています（○○○と△△△）。次に、物質名のスペルミスがあります。そして最後に、入手先の記載のない物質があります。
その他に変更や追加の提案を加筆しましたので、草稿をもう一度添付します。
今週末までに修正済みの草稿を返送してもらえますか。かなり緊急となっています。よろしくお願いします。
マリア

マリアは、メールを読んだポールがどのような気持ちになるか考えていない。ポールは非常に憤慨するか、動揺するだろう。何ヵ月もかけて書いた方法かもしれない。また、3つの間違いについては、正当な理由があるかもしれない。例えば、もともとの原稿には重要なステップが2つ書いてあった。ただ、ポールは位置を変更しようとカットし、それをペーストし忘れた（もしかしたら、カット&ペーストをしているときに電話がかかってきたのかもしれない）。ポールは入手先を調べている物質については後で連絡する、とマリアにメールで伝えるつもりだったが、それを忘れていたのかもしれない。また、マリアの修正後に最終のスペルチェックをするつもりだった可能性もある。

マリアのメールは、次の理由により否定的な印象を与えている。

- 間違いと思われる点を善意に解釈していない。ポールは無能だという以外に3つの間違いがある理由はないと言わんばかりだ
- 直接的すぎる。何の前置きもない

- failedやlast but not leastといった表現を使って問題を強調しすぎており、辛辣(しんらつ)になっている
- 共著者というよりも厳格な教授が怒っているような雰囲気が出ている

いきなり批判的な語調で始まると、相手は否定的に反応し、後に続くコメントに対しても同様の反応を示すだろう。できるだけポジティブな表現で伝えよう。例えば、次の書き方を参考にしてほしい。

> Thanks for getting this section to me far ahead of the deadline; this will make my life much easier.
> （締め切りよりもずいぶん早くこのセクションを送ってくださりありがとうございます。こちらの作業がとても楽になります。）

> I really like your succinct style of writing; I think it will help the referees, and the readers, to follow our methodology easily and quickly.
> （文章が簡潔に書かれていてとてもよいと思います。査読者が助かると思いますし、読者は簡単に素早く手法を理解できるでしょう。）

> Although I am not a native speaker myself, your English seems to be really good—so let's hope the reviewers are impressed!
> （私は英語のネイティブではありませんが、あなたの英語は非常によいと思います。査読者に良い印象を与えることを願いましょう。）

誠実に書けば、受信者は前向きに受け取り、その後に批判が続いたとしてもずっと寛大な心で読むようになるだろう。ポジティブな文章を書いた後に、原稿の3つの大きな間違いについて伝えよう。第一に、批判する項目数を減らすように努力する。そして、最も重大な間違いから書き始める。マリアのメールは次のように修正できる。

I just wanted to point a couple of issues in your draft. Firstly, I may be wrong, but it seems to me that you have missed out two important steps in our methodology. These are ...

Secondly, the editor will expect us to provide the sources for all our materials, so I think we need to add these. I think I only noticed a couple of cases, so this shouldn't take you too long.

By the way, would you mind doing a final spell check, but not just with Word as I don't think it will identify any spelling mistakes in the technical names (e.g., the names of the source materials).

原稿を拝見しましたが、いくつか問題があるようです。まず、私の間違いかもしれませんが、方法に重要なステップが2つ抜けているのではないかと思いました。つまり～。
次に、エディターは、私たちが使用した物質の入手先の記載を期待していると思います。この情報は足す必要があるのではないでしょうか。該当するのは数ヵ所だけですので、追加にそれほど時間はかからないと思います。
ところで、最終のスペルチェックをしておいてもらえますか。Wordは、専門用語（原料名など）のスペルミスは見逃すと思うので、Word以外でもお願いします。

修正後のメールでは、批判が1つだけ（ステップが2つ抜けている）のように見え、I may be wrongやbut it seems to meを使って語調をやわらかくしている。これにより、ポールには彼女が間違っていると反論する余地が与えられた。また、物質の入手先について、マリアは自分も含めた代名詞usとourを使うことにより、共同責任であることを示している。そして、該当する物質数は少ないため、必要とされる作業は最小限であり、問題解決に要する時間が短いと伝えている。最後に、スペルミスへの言及はあとから思いついたこと（by the wayで表現）のように示し、友好的にチェックを依頼（would you mindで表現）している。

上記の工夫により、ポールはこのメッセージを読んだあとにマリアに感謝し、指摘に対応して早く返信する可能性が高まる。

10.7 コメントは礼儀正しく、曖昧な私見は避けて詳しく書く

コメントは厳しく批判しすぎることなく、礼儀正しく、あまり直接的に書かないほうが一般的によい結果を得られる。次のセンテンスを比較し、右列がどのように穏やかなアプローチを取っているかを確認しよう。

抽象的で直接的な批判	具体的で間接的な批判
• You should re-write parts of the presentation. （プレゼンの一部を書き直すべきです。）	• I think the introduction (i.e. Slides 2-3) may need some re-working. （イントロダクション［つまりスライド2～3］は少し手直しが必要かなと思います。）
• Cut the redundant slides. （重複したスライドを削除してください。）	• Could we manage without Slides 5 and 6? （スライド5と6を抜くことはできるでしょうか。） • It might be an idea to cut Slides 5 and 6. （スライド5と6を抜くのも一つの手かもしれません。）
• The Methodology is way too long. （方法が長すぎます。）	• What about making some cuts to the Methodology (e.g. the flow chart)? （方法［フローチャートなど］を少し削除してはどうでしょうか。）
• You'll never have time to explain all those slides on the Results. （結果のスライドを全部説明する時間は絶対にありません。）	• If we wanted to make any cuts anywhere, the Results might be a good place to start (e.g. the first two tables). （どこかを削除するとすれば、まず結果から始めるのがよいかもしれません［最初の2つの表など］。） • I understand why you have gone into such detail in the Results, but ... （結果を詳しく書いている理由はよく理解できます。ただ～。）

上記で示したように、語調を和らげるためには次のポイントが重要だ。

- 単語の選択：rework（手直し）はrewrite（書き直し）よりも大げさではない
- 義務を表す助動詞（should、must）の使用：威圧的に聞こえることが多いため、能動態のセンテンスでの使用は避けることが望ましい。単に自分の意見を表現するために使用したい場合は、I thinkやit might be a good idea ifから始まる文章にする
- may、might、perhaps、possiblyの使用：横柄な印象を与えることなく提案をするために使える非常に便利な言葉だ
- 批判を質問の形に言い換える：コメントする側は著者に（真偽は別として）何らかの疑問を伝えることができる。また、決定権を与えられた受信者は主体的に取り組める
- Ifから始まるセンテンスを書く：条件節は間接的に批判する方法としてよく使用される
- weの使用：送信者が著者と責任を共有し、工程にかかわっているように聞こえる。自分vs相手というよりも、2人の共同作業だという雰囲気を伝えられる
- understandやappreciateなどの使用：あなたが理解のある人物だということを伝え、著者の大変な仕事すべてに感謝していることを示す

また、表の左（曖昧なコメント）よりも右のコメントのほうがはるかに具体的な提案になっている点にも注目してほしい。

10.8 説明を求めるときや提案をするときに直接的になりすぎない

研究仲間が書いたことの意味がよく分からない場合、直接的に聞きすぎると、想像以上に強く批判的に受け取られてしまうことがある。質問の仕方には注意しよう。次のポイントに気をつけて、やんわりと聞いてみよう。

1. 前置きの文章を少し長くする
2. 分かりにくい箇所があったが、それは自分の理解力の問題であって必ずしも相手の不注意によるものではないと伝える
3. 間接的な質問文を使って、著者が実際には決定にかかわっている場合でも、かかわっていないかのように見せる

直接的な聞き方	間接的な聞き方
• Why don't you have an "Outline" slide? （「概要」のスライドを入れたらどうですか。）	• By the way, have you thought about having an "Outline" slide? （ところで、「概要」のスライドを入れることは考えていますか。）
• When are you going to mention the disadvantages of our approach? （手法のデメリットはいつ書くつもりですか。）	• Have you decided when you are going to mention the disadvantages of our approach? （手法のデメリットをいつ書くか決めていますか。）
• Why did you include the table in the fourth slide? （4枚目のスライドになぜあの表を入れたのですか。）	• It was probably my idea, but can you remind me why it was decided to include the table in the fourth slide? （私の案だったかもしれませんが、4枚目のスライドにあの表を入れるように決めたのはどうしてでしたっけ。）

もちろん、コメントしたい項目が多いときや、発表内容を明らかに改善させることのできる単純な意見があるときに回りくどく聞く必要はない。

> The weight should be quoted to 3 decimal places, not 4.
> （重量は小数点第4位ではなく第3位まで記載すべきです。）

> An easier solution would be to swap the position of slides 5 and 7.
> （もっと簡単な方法は、スライド5と7の位置を入れ替えることでしょう。）

> Don't forget to do a spell check at the end (I always forget!).
> （最後にスペルチェックを忘れないでください［私はいつも忘れますが］。）

上記の例では、受信者を批判しているのではなく、単に有効な助言をしているに過ぎない。

10.9 長所は短文で、短所は長文で書く

短文は文章の中で目立つ。受信者に対するあなたのポジティブな反応は短文で表現しよう。*Wall Street Journal*誌は1センテンスを9ワードで書くよう推奨しているといわれる。作家のルドルフ・フレッシュは、1センテンスを11～14ワードに保つように助言していた。しかし、依頼を断るときや悪い知らせを伝えるとき、その他にも一般的に"No"を伝えるときには長く書いたほうがよいだろう。センテンスを長くすることで、言い争いを避けることができる。

10.10 前向きな言葉遣いを選ぶ

メールを書き終えたら、ネガティブに聞こえる可能性のある言葉をポジティブに書き換えられないか見直してみよう。

> Sorry to have ***disturbed*** you with this.（邪魔して申し訳ありません。）
> → I hope this may have been of ***help***.（お役に立てるよう願っています。）

> Thank you for your ***trouble***.（面倒をかけました。ありがとうございます。）
> → Thank you for your ***help***.（手伝ってくださりありがとうございます。）

> I ***won't*** be able to get the paper to you until May 30.（5月30日までは論文を送ることができません。）
> → I ***will certainly*** be able to get the paper to you by May 30.（5月30日には必ず論文をお送りいたします。）

10.11 前向きな言葉で報告を締めくくる

最後の文章は常にポジティブに書き、受信者に「自分は完全な失敗作を送った」とは思わせないようにすべきだ。単純に"Regards, Carlos（よろしくお願いします。カルロス）"で終わるのではなく、次のような文章を必ず加える。

Thanks for doing such a great job on this, and also thanks for offering to do the presentation (I am sure you will do it much better than I would have done).
（このように素晴らしい仕事をしてくれてありがとうございます。また、口頭発表者に志願してくださりありがとうございます［私がするよりもずっとよいプレゼンになると確信しています］。）

Well, I think that's all—once again, a really excellent job, just a few things to tighten up here and there.
（では、これで以上です。繰り返しになりますが、本当に素晴らしい仕事です。あと何ヵ所か手を加えるだけですね。）

Hope you find these comments useful, and bear in mind that I've only focused on what changes I believe need making so I'm sorry if it comes across as being very critical.
（お役に立てば幸いです。私が個人的に直す必要があると感じた部分にのみ焦点を当てたのですが、批判的すぎるように伝わってしまったとしたらごめんなさい。）

10.12 「送信」ボタンをクリックする前に最初から読み直す

論文やプレゼンなどを批評するとき（または言いにくいことを伝えるとき）は、必ず書き終わったあとに見直しをする。人間関係を壊したり、感情を害したりする可能性のあることを書いていないか確認しよう。もし、どうしても批判的にならざるを得ないときには、書き終えたあと、しばらく時間をおいてから読み返し、フェアな議論かどうかを確認する。

攻撃的ではないか、攻撃的と解釈される可能性はないかを、メールを送る前に他の研究仲間に確認してもらおう。怒りの感情がある場合、送る前にメールを保存し、一晩置いてからもう一度確認することの意義は大きい。

なお、第三者が自分のメールを読む可能性があることも考えに入れておこう。自分の書いたことが、自分の意図に反するかたちで文脈から切り離されて利用される危険性はある。

10.13 催促するときは礼儀正しく

博士課程の大学院生や若手の研究者が論文のレビューを誰かにお願いしても、一般的に相手には依頼に応える義務はない。そのため、返事がないときには催促のメール（いわゆるリマインダー）を出したほうがよいだろう。リマインダーは苛立ちや怒りの感情をにおわせることなく、友好的なトーンで書く。例えば、次のライティングを参考にしてほしい。

> I was wondering if you had had time to look at my email dated 10 February (see below).
> （2月10日にお送りしたメール［下記参照］を読んでいただけたかどうか気になり、ご連絡いたしました。）

> I know that you are extremely busy, but could you possibly ...
> （お忙しいとは存じますが、〜していただけませんでしょうか。）

> Sorry to bother you again, but I urgently need you to answer these questions.
> （何度もお邪魔して申し訳ございません。できるだけ早くご回答いただけませんか。）

> I know you must be very busy but if you could find the time to do this ...
> （ご多忙のことと存じますが、〜のために時間を割いていただけましたら〜。）

以前に送ったメールについて催促するときには、新しいメールの中に過去のメールを引用しよう。上記の1例目でsee belowとあるのは、過去のメールを引用してその上に書き加えた新しい文だからだ。このようにして、以前に送ったメールが新しいメールの署名のあとに続くことを示す。

次の点に注意すると、受信者は返信する気になるかもしれない。

- 相手は多忙で、自分の依頼よりも優先すべきことがあるという事実を強調する
- 自分や自分の研究にとって相手がなぜ重要なのか説明する
- 早く返事が欲しい理由を簡潔に説明する
- 依頼に対応するための所要時間を伝える（人はやりたくない作業につい

ては所要時間を長く見積もるものだ）

- 締め切りまで時間がない場合、当初の依頼から本当に必要なものだけにしぼる（例えば、原稿全体のチェックを頼んでいたところを1セクションだけに減らす）
- 依頼を受けることで得られる相手側のメリットを見つける
- 返答期限を設定する

次は、面識のない教授に宛てて学生が原稿のチェックを依頼したメールの例だ。

Dear Professor Li

I was wondering if you had had time to look at my email dated 10 February (see below).

I imagine that you must receive a lot of requests such as mine, but I really need your input as no one else has your expertise in this particular field. In reality, it would be enough if you could just read the last two pages of the Discussion (pages 12 and 13), just so that you could check that I have not reached any erroneous conclusions. I very much hope that my results might be of interest to you too as they diverge from what you reported in your paper *paper title*. I have a deadline for submission on the 20 April, so it would be perfect if you could get your comments to me by about 10 April.

I realize that this is a lot to ask, particularly as you have never even met me, but if you could spare 10-15 minutes of your time, I would be extremely grateful.

I look forward to hearing from you.

リー教授
2月10日にお送りしたメール（下記参照）を読んでいただけたかどうか気になり、ご連絡いたしました。
私と同様の依頼を他からも多く受け取っていらっしゃるのだと思いますが、この分野では先生以外に詳しい人がいないため、先生からのお返事が本当に必要なのです。実のところ、読んでいただくのは考察の最後の2ページ（12~13ページ）だけで構いません。間違った結論を導いていないかだけでもチェックしていただけませんか。先生の［論文名］から発想を得たものですので、結果に興味を持っていただけるかもしれません。4月20日が提出期限のため、先生から私へは4月10日頃までにコメントを送ってくだされば理想的です。
お目にかかったことのない自分がお願いするのは大変失礼だとは思いますが、この論文のために10～15分間を割いてくだされば非常に助かります。
お返事をお待ちしております。

10.14 インフォーマルなレビューに対する感謝の表し方

原稿をレビューしてもらったときには、その作業に対して感謝の気持ちを示そう。レビュー内容が役に立ったかどうかや、同意できるものであったかどうかは関係ない。次のようにお礼の気持ちをメールで伝える。

> Thank you so much for your review, it was very kind of you to spare the time. The manuscript has certainly benefitted from your input—particularly the Discussion, where you have managed to really highlight the novelty of the research.
> (レビューをしていただき誠にありがとうございました。お時間を割いてくださり助かりました。先生のご意見によって論文を改善することができました。特に考察は、先生が研究の新規性を強調してくださったことでずっとよくなったと思います。)

具体的な批判があったときの返答例

> I understand what you meant by … so I have adjusted that section accordingly.
> (～とおっしゃったことの意味はよく分かりました。ご指摘に従って修正しました。)

> Clearly, having read your comments, I need to rewrite the part about …
> (コメントを拝読し、～について書き直す必要があることがはっきりと分かりました。)

> I think you were right about the table, so I have …
> (表についてはおっしゃるとおりだと思いましたので、～しました。)

説明が必要な場合

> Thanks very much for all this. Just one thing—could you just clarify exactly what you mean by ...
> （この度は誠にありがとうございました。一つだけ、～はどういう意味か説明していただけませんか。）

> I may come back to you if I need further thoughts on some of the slides.
> （スライドへのご意見についてわからない点があった場合、再度ご連絡するかもしれません。）

なお、査読者がまったく同じ内容のコメントをする可能性があることに注意しよう。したがって、仲間からのコメントは真剣に検討する価値がある。

メールの締めくくり例

> Once again thanks for all your hard work—I found it really useful. I will keep you posted about the progress of the manuscript.
> （改めて、この度はありがとうございました。とても助かりました。原稿の進み具合については今後も連絡いたします。）

第11章

査読報告書の書き方

査読者の言葉

本論文は誤った情報に基づいており、考察も不十分です。本誌はもちろんのこと他誌でも受け入れられないと思います。

*

このようなものは読んだことがありません。褒め言葉ではありませんよ。

*

これはジョークですか？

*

本稿を何度か読み通しましたが、その弁解に何も言うことはありません。

*

あまりにも小さい目標を掲げてしまい、とうとう見失いましたね。

*

年明け早々、これほど想像力、論理、データに欠ける論文を読まされるとは思ってもみませんでした。救済の余地はありません。

*

これは学部生の授業の課題ですか？

*

英文ライティングもデータ提示もあまりにひどい。思わず私は仕事を早退して帰宅し、人生の意味について問い直さざるを得ませんでした。

*

研究論文というよりは広告冊子のようでした。

*

素晴らしい結果だ。ただし真実であるなら。

*

本稿はリジェクトしなければなりません。この研究はどう考えても不可能です。

*

あまりにひどい論文で、問題を書き出せば20ページにも及ぶでしょう。それが解決されたとしても発表する価値があるとは思えません。

11.1 ウォームアップ

前ページの「査読者の言葉」と、11.11、11.17節に記載の文章は、その多くをhttp://shitmyreviewerssay.tumblr.com/から引用した。

皆さんも皮肉の被害者になったことがあるなら投稿してみよう。素晴らしいサイトだ。また、査読者になったときにもサイトをチェックして、普段から相手を侮辱したり無用なレビューをしたりしていないか確認しよう。

まずは、次の質問の答えを考えてみてほしい。

1. 通常、自分の仕事に対する批判にどの程度うまく反応できているか
2. その反応は、批判の表現方法によって大きく変わるか
3. 論文のレビューを受けたことがあるか
4. よい査読者の資質とは何か

査読（ピアレビュー）は研究に必須だ。あなたが査読者に選ばれたとしよう。それは研究対象について専門的知識があると判断されたということだ。その研究に関与していなければ、著者に対して客観的でバランスの取れた批評を提供することができるだろう。最終的に原稿が発表に値しないと判断することになったとしても、あなたは研究した著者を落ち込ませるのではなく真に助けられる完璧な立場にいるのだ。

ブラチスラバのコメニウス大学（スロバキア）のマグダ・コウリロバが査読報告書を分析しているが、サンドイッチテクニック（賛辞で始め、賛辞で終わる。**→11.9節**）を使った査読は10%にも満たなかった。ポジティブなコメントがなく、批判だけの報告が多い。無事に受理された論文についても同様だ。

How well does a journal's peer review process function? A survey of authors' opinions（ジャーナル査読はどれだけうまく機能しているか：著者の意見の調査）と題された論文によると、発表を控えている著者は、査読者のコメントの約25%に同意できないという。

なお、本章全体について、原書では「referee」と「reviewer」、「report」と

「review」を意味の区別なく使用している。日本語版では基本的にrefereeとreviewerを「査読者」、reportとreviewを「査読報告（書）」または「レビュー」と訳した。

本章で学ぶこと：

- ジャーナルが推奨する査読報告書の書き方に従う
- ネガティブな批判よりも建設的なフィードバックに注意を向ける
- 批判をポジティブなコメントで挟むサンドイッチテクニックを使用する
- 著者が理解しやすく、コメントしやすいスタイルとレイアウトを選ぶ

11.2 査読者としての役割を理解する

査読者の目的は：

1. 論文が発表に値するかどうかをジャーナルの代わりに評価すること
2. データ、設備、経験、資金が不足しているキャリア途上の若手研究者を、これらを有するあなたが助けること

11.3 ジャーナルの査読ガイドラインを読む

多くのジャーナルが一定の基準に従って原稿を査読するよう求めている。すでに基準を満たした査読報告書のひな形を使うように求められることが多いが、査読報告の書き方をまとめたアドバイスをダウンロードするだけのときもある。また、仕事仲間または学生から、簡単なレビューを書いてほしいと求められることがあるかもしれない。以下に査読で焦点となりやすい典型的なポイントを挙げ、それぞれに対するチェック項目を示した。

論文は特定の学問分野に具体的に貢献しているか

論文は最新の研究に十分寄与するか。文献レビューであれば、過去の研究者がこれまでに気づかなかった事実に焦点を当てているか。研究に新規性があるか。それ

はどのような新規性か。伝えたいことが明確か。問題点が分かりやすく浮き彫りにされ、目的が明確に述べられているか。

論文に適切なタイトルがつけられているか

読者が注目するとともに、論文の実際の内容を反映したタイトルか。インターネットの検索エンジンを使ってこの論文を見つけることができるか。

アブストラクトは簡潔かつ包括的か

この論文で期待される内容について、読者に適切な情報を与えられるアブストラクトか。アブストラクトに、主な目的（研究課題）、方法（理論によるものか、症例研究か、他の手法か）、結論を明確に記載しているか。

キーワードを活用しているか

キーワードが内容を適切に表しているか。読者がそのキーワードで検索してこの論文にたどり着けるか。

先行研究をレビューし、適切に引用しているか

一般常識の参照が多くなったり、著者と同国籍の研究者の論文または自国だけで発表されている論文の参照が多くなったりしないように配慮しているか。論文の最後の参考文献セクションに記載した文献は、適切で最新のものか、重要なものは含まれているか、重要な文献が欠落していないか。記載した参考文献は論文の本文で言及されているか。

研究方法を十分に説明しているか

著者は実施内容を分かりやすく説明し、その手法を選んで他の手法を選ばなかった理由を説明しているか。研究デザインは適切か。データセットは提起された課題に対して適切か。材料は適切に選択されているか。サンプルサイズは適切か。方法は適切に説明されているか。容易に再現できるか。

論文に考察と結論があるか

結果は研究課題に答えているか。結果は適切に提示され、過去のエビデンスと比較して考察が行われ、信頼に足るものか。強化できる点はないか。結論は得られたエビデンスから正当化されるものか。結論は正しいと認められるか。著者が言及していない解釈で、他に論理的かつ明解な解釈はないか。研究の将来性と応用例は記述されているか。

論文の構成は明快か

論文のレイアウトは明快で、読者が重要なポイントを理解し、論文の構造を追えるようにした見出しがついているか。セクション、パラグラフ、センテンスの順序は論理的か。つまり、別の位置に移動させたほうがよいものはないか。文体は学術的であると同時に、読者が読みやすく、理解しやすい書き方か。重複はないか。論文の価値を損なうことなく短くできないか。

本当に価値のある図表が記載されているか

図表は重要ポイントを図示しているか。理解を助けるどころか混乱させてはいないか。本文で説明されているか。キャプションやレジェンドは適切か。

11.4 査読報告書の構成：(1)条件つき受理

受理に向けていくつか修正を勧める場合は、次の構成で査読報告書を作成する。

1. 論文の要約

著者は論文のエッセンスが査読者に伝わっているかどうか、エディターは論文がジャーナルに適しているかどうかを知ることができる。

2. 論文の質についての全般的なコメント

批判を始める前に、まずはこの段階で、論文についてポジティブで励ますような内容のコメントをするのがよい。最初に論文の長所を挙げ、その後に短所を書く。

3. 主要な修正点

ジャーナルで発表するために必要と思われる、論文の大幅な変更点について提案する。建設的に変更点を提示し、変更が必要であることを著者が納得できるように書く。コメントには通し番号をつける。これにより著者は回答しやすくなり、エディターは回答をチェックしやすくなる。

4. 必要となる細かな修正点

誤記、ナンバリングの修正、図表のレジェンドの修正、適切な言葉遣いの提案などを伝える。コメントには通し番号をつける。

5. 最終のコメント

新しい研究を通して研究分野における知見を深めるために、励ましの言葉をかけ、原稿中に見つけたポジティブな要素を改めて述べるとよい。これは、あなたがアクセスできる設備やあなたのような経験は持ち合わせていない発展途上国の研究者にとって、特に重要だ。彼らがそのような状況下にあっても、その地域に住む人々に利益をもたらすものを発見した可能性があるからである。

11.5 査読報告書の構成：(2) 不受理

論文がジャーナルの対象分野から外れている、修正すべき点が多すぎるなどといった理由で論文のリジェクトを勧める場合、前節11.4の1、2番をまず書く。リジェクトするように勧めるとしても、何かポジティブなことを見つけて伝えるべきだ。3、4番は不要である。5番を書き、できれば、アクセプトされる論文にするために必要なことを提案する。それを読んだ著者は論文を修正し、レベルを下げた別のジャーナルに提出することができるかもしれない。

11.6 査読報告書の構成：(3) 修正なしで受理

修正なしで論文を受理するよう勧めるとしても、著者とエディターに向けた簡単なサマリーを書くべきだ（11.4節の1番）。科学的な質はよいが英語は改善する必要があると思った場合、その「ひどい」英語が読者の理解能力に、実際のところどの程度影響をおよぼすかを考えてみる。英語のライティングについてコメントすることで、不必要に論文の発表を遅らせることがある。もちろん、本当にひどい英語ならば、著者とエディターにそのことを伝えなければならない。11.16、11.17節を読んでこの重要なポイントについて考えよう。

11.7 著者が査読者としてのあなたに期待していること

世界各国から来た博士課程の学生50名に、よい査読者の資質について質問したことがある。よい査読者を表現する言葉は次のとおりであった。

- 能力がある
- 一貫性がある
- 建設的
- 豊富な知識を持つ
- 中立的
- 良心的
- 思いやりがある

よい査読者の資質について、自由回答も得た。

- 博士課程の学生が論文を書くうえでの困難に理解がある
- データ内容、原稿自体のいずれにしても、修正を要する項目が整理してまとめられ、簡単に従える形式で書かれている
- 論文の当該分野の専門家であり、その論文の宣伝や検閲には興味がない
- 読みやすくするために論文をどのように改善すべきかを示す
- 論文が受理されない理由を混乱させることなく明確に説明する
- 著者が正しく行えなかったことを理解し、自らの経験をもとにそれを修正するための最善の行動を提案する
- 本文中の間違いを指摘し、なぜそれが間違いなのかを分かりやすく説明する
- 異なる視点を尊重し、独善的にならない
- 著者はその研究と論文執筆のために何年も費やしている可能性があるため、細心の注意を払っているはずであることを理解している
- 協力的なコメントが多いほど、著者としてはありがたい
- 報告書を書くのが速い

11.8 査読報告書を書く前に、著者としての立場を思い出す

初めて査読報告書を受け取ったときのことを思い出してみよう。建設的ではないネガティブなコメントを査読者から受け取ったときにどう感じたか。私は論文の校正・編集者として何百通もの査読報告書を見てきた。以下は、若い博士課程の研究

者が最初の論文に対して受け取った報告だ。彼女はこの報告書を読んだあと、きっぱりと研究をやめることを考えた。

「著者の主張には新規性も説得力もありません。本研究はコミュニティーの関心の対象外であり、著者の非常に小規模と推測される研究グループ以外にはおそらく受け入れられないでしょう。また、本稿を強化できるこれ以上の実験はないと考えます。

著者の熱意が感じられず、研究の応用の可能性についても記載がなく、読み通すことが難しい原稿でした。この研究に応用の可能性はないのではないかという私の疑念を裏づけているように思えました。

論文内に関連研究の参照はほとんどなく、序論は貧弱です。ライティングがひどく、複数のパラグラフを巨大な1つのパラグラフにまとめており、これを読まされる読者の身にもなってほしいです。センテンスとセンテンスの関連を理解するのに苦労しました。Google翻訳を使って直訳したほうがもっとレベルの高い英語にできたのではないでしょうか。

要するに、本稿にこれ以上の検討価値はありません。」

幸運なことに、他の2人の査読者は優しかったため、いくつかの修正を経てこの論文は別のジャーナルで発表された。

11.9 サンドイッチテクニックを使う：ポジティブな言葉で挟む

報告書で批判するときには、常に建設的であるべきだ。査読の目的は、著者を攻撃することではなく助けることだ。

オープニングは常に前向きに書く。これにより、著者はネガティブなことを受け入れる準備ができる。そして、エンディングも常に前向きに書く。そうすれば報告書を最後まで読んだ著者が落ち込みすぎることがない。ネガティブすぎるフィードバックは、ネガティブな結果をもたらすことが多い。査読者から研究を否定された著者は、激怒するだけで、結局、経験から何も学ぶことがないかもしれない。

次は原稿の全般的な要約のよい例である。詳細なコメントを書く前のサマリーだ。

The author should be commended for employing data on x in order to analyze y. Although these data present a rich source of information for studying y, they remain largely underutilized, so it is good to see them being used here.

Unfortunately however, the paper, as it is, fails to make an important contribution to the literature, for two reasons. First, the analysis suffers from a number of methodological shortcomings, which are summarized in the "main comments" section below. Second, most of the empirical results are quite obvious.

Having said that, there is one result that seems non-obvious and interesting, namely that ... In fact, the paper could be improved significantly if the authors could answer the following questions ... If the answer is "yes" to these questions, then these aspects could be further explored. For example, it would be interesting to identify ...

yの分析のためにxのデータを利用した点は称賛に値します。このデータは、yの研究のためには豊富な情報源ですが、十分に活用されておらず、ここで使用されているのを見てよいことだと思いました。

しかし、残念ながら2つの理由により、現状の本稿は学問に重要な貢献をできていません。まず、分析にはいくつかの方法論上の不備があり、これは以下の「重要コメント」にまとめました。次に、実験による結果の大部分が一目瞭然のものです。

しかしながら、一目瞭然とはいえず、興味深そうな結果もあります。具体的には～です。実際、著者が次の質問に答えることができれば、論文は大幅に改善する可能性があります。～これらの質問の答えが「はい」である場合、この側面をさらに研究できるでしょう。例えば、～を特定すれば興味深いものになるでしょう。

第1パラグラフで、査読者は論文の一側面について称賛を示し、著者が実施したことの新規性を認めている。第2パラグラフでは、大幅な修正が必要なことを理由にリジェクト対象として勧める理由を簡単に述べている。そして最終パラグラフでは原稿の質と独創性を改善するために考えられる可能性を提示している。査読者がこのトピックに関心を持っていることがはっきりと伝わるだろう。その結果、著者は次にすべきことをポジティブに受け取る。査読コメントを読み終えて、「企業で働いたほうがいいかもしれない」と感じることはないだろう。

著者が査読コメントに対してポジティブに感じ、勧められたことを実行する気持ちになるように、failure（失敗）、error（間違い）、mistake（誤り）、loss（欠落）、problem（問題）、inaccuracy（不正確）、miscalculation（計算ミス）といった単語の使いすぎには気をつける。もちろん、disaster（大失敗）、catastrophe（失敗作）といった言葉は絶対に避ける。著者を傷つけ、皮肉を浴びせ、笑いものにしたくなる誘惑にはあらがおう。useless（無駄）、hopeless（絶望的）、unbelievable（信じられない）、absurd（ばかげた）、debatable（議論の余地がある）などの副詞や、the poor reader（かわいそうな読者）などといった表現も使わない。

批判するときは、文献からの詳細な裏づけがあることを確認する。また、著者には現実的に実行可能な修正を期待する。ジャーナルのエディターは、常にポジティブで建設的なやり方を歓迎する。査読者としてあなたを選んで正解だったと安心できるからだ。

11.10 批判するときには穏やかに

査読者としての目的は、著者を攻撃することではなく、助けることだ。そのためには穏やかに伝える。著者が受け入れやすく、感謝しやすいコメントの書き方を紹介する。

過度に直接的にならないようにすることで、著者はネガティブなフィードバックを受け入れやすくなり、その必要性を理解しやすくなる。

×悪い例

- The whole data set seems to say: "OK, X does not change Y." Of course! what were you expecting from a one-year experiment? Why bother putting this in the paper at all?
（データセット全体を拝見しました。「よし、XはYを変化させない」と言いたいのですね。しかしそれは当たり前のことです。1年間の実験で何を期待していたのですか。わざわざ論文にしようと思う理由が分かりません。）

○効果的な例

- The authors ***might consider*** removing this section from the paper as I am not convinced it leads to any worthwhile or conclusive results. Instead, ***they could*** focus on the interesting part of their work, which is ...
（本セクションが価値のある結論につながっているとは納得できませんでしたので、論文から削除することを検討してもよいかもしれません。その代わり、研究の中でも興味深い部分に焦点を当てることができるでしょう。例えば〜。）

コメントは査読者の主観だと感じさせるように書こう。

×悪い例

- It is absolutely wrong to state that x = y.
（x=yと述べるのは完全な誤りです。）

○効果的な例

- ***I feel that / As far as I can see, / In my opinion / I believe / Based on my knowledge of the topic I would*** say that the assertion that x = y may be ***open to discussion***.
（私の知っている限りですが/私の個人的な意見ですが/個人的な経験から言わせていただければ、x=yの主張は議論の余地があると思いました/感じました。）

何かを「しなければならない」、何かが「不完全である」と書く場合には、その問題の解決策を示そう。

✕ 悪い例	○ 効果的な例
● The presentation of results must be deeply modified. (結果の提示方法を根本的に修正しなければなりません。)	● ***I would suggest*** that the results be presented in a different way; for example, a table could be used rather than a figure. This ***would make*** the results stand out better and make it easier for the reader to understand the importance of them. (図よりも表を使うなど、結果の見せ方を変更してはどうでしょう。そうすることで結果がさらに際立ち、読者にもその重要性が理解されやすくなるでしょう。)
● The description of methods is incomplete and does not permit a correct evaluation of the trials. (方法の記述が不完全であるため、本試験を正しく評価できません。)	● The description of the methods needs more details. For example, what criteria were used to select the three byproducts? Why was the field test conducted with KS only? Which parameters did the Authors evaluate in the field test and how? (方法をもっと詳しく記述する必要があります。例えば、3つの副生成物を選択するときの基準は何でしたか。KSだけでフィールドテストを実施したのはどうしてでしょうか。フィールドテストではどのパラメータをどう評価しましたか。)

協力の姿勢を示し、著者に釈明の余地を与える。

✕ 悪い例

- The methodological part refers to rather old methods; how can they not be aware of the new procedures existing in the analytical literature?
（方法のセクションでは比較的古い手法を参照していますね。解析文献に新しい手順があることになぜ気づかないのですか。）

○ 効果的な例

- The authors may not be aware that there are actually some new procedures existing in the analytical literature. They might try reading ...
（実は解析文献に新しい手順が記載されているのですが、気づいていらっしゃらないのかもしれませんね。～を参照する価値があるかもしれません。）

英語には、ポジティブな意味だがネガティブに解釈されることも多い性質の単語がある。例えば、OKやquiteという単語を使うときには注意が必要だ。

The title is OK.（タイトルはOKです）と書いたとしよう。これは「必要十分だが、特別なところはない」と解釈されうる。The title is fine / very appropriate.（タイトルはよいと思います/適切です）と書き換えたほうがよい。

同様に、The results are quite interesting.（結果は実に興味深い）は曖昧な表現だ。極めて興味深いこともありうるが、新規性は何もないと解釈される可能性のほうが高い。

査読報告書は、著者が読んだあとに有益だった、引き続き前に進もう、と思えるようにすべきだ。論文がリジェクトされる結果になったとしても、著者を激怒させたり屈辱を感じさせたりすべきではない。著者にもう一度挑戦するよう促すことで、その分野の知見の向上に貢献できる可能性がある。

11.11 著者を責めたい気持ちを抑える

中にはとんでもない論文も存在する。それでもなお、査読者の仕事とは、依頼を受けた論文の改善に建設的に協力することだ。そのために著者を攻撃することがあってはならない。書いてはいけないコメントを紹介する。

> Why don't you just send copies of this to the two people in the world who care about it, and forget the publication route?
> (発表することはもう忘れて、結果に関心があるというその２人にこの原稿を送ってはどうですか。)

> I want to vomit; I can't believe this paper was submitted.
> (吐きそうです。こんな論文が提出されただなんて信じられません。)

> The regression analysis is rubbish. Let's see what happens when you do this properly.
> (この回帰分析はゴミです。これをきちんとやればどうなるか、見てみたいですね。)

> This paper reads like a woman's diary, not like a scientific piece of work.
> (女性が書いた日記みたいな論文ですね。学術論文とは思えません。)

もし、あなたが英語のネイティブスピーカーなら、ノンネイティブの英語力をけなさないことだ。また、次に紹介するようないわゆるユーモア（特に、曖昧で難解な表現、スラング表現）をノンネイティブの研究者に投げかけても、理解されないと思ったほうがよい。

> I appreciated how the author seemingly had in mind that a goodly percentage of the readership are not native speakers, so anything too academic or erudite might be lost on them.
> (読者には多くのノンネイティブがいることを考慮し、学術的/学問的すぎることは伝わらないと著者が考えていることを評価します。)

> It would be charitable to call this a comparison of apples and oranges. It's more like steak and bicycle.
> (これをリンゴとオレンジ［どちらも果物］の比較と呼ぶのは心が広すぎます。ステーキと自転車ほど異質なものを比較しているようなものです。)

> The authors merely used somewhat bigger guns than previous studies and generated nothing but more smoke.
> (著者は既存研究よりも少し大きめの銃を使っただけであり、それで出せたのも少し多めの煙だけです。)

A blizzard of extraneous data external information should be culled.
（余計なデータや外部情報の猛吹雪を選別すべきです。）

Once I penetrated the pigeon English, I found very little substance underneath.
（ピジョン英語*を理解した途端に見つけたのは空疎な内容でした。）*文法が単純化された混成英語

The conclusion is something of a shaggy dog*.
（荒唐無稽の結論です。）*shaggy dog：意味不明の滑稽な話

This kind of prose simply borders on cruelty against the reader. And finally comes the conclusion, which is the intellectual equivalent of bubblegum.
（この手のとりとめのない文章は読者にとっては極めて残酷です。最後の結論も、これではまるで子供の作文です。）

Find your inner nerd—it must be a big part of you—and then dump it in the ocean tied to a large rock.
（自分の内側の専門オタクを探してみなさい。あなたの中で大きな部分を占めているはずです。それを大きな岩に結びつけ、海に捨てること。）

（http://shitmyreviewerssay.tumblr.com/から引用）

11.12 アドバイスにshouldを多用しない

上から見下しているような印象を与えることがあるため、辛辣または直接的すぎるアドバイスはしない。the authors must reduce the length of the manuscript（原稿を短くする必要がある）のような文脈でmustやhave toを使うことは一般的に適切ではない。shouldを使用する。ただし、アドバイスのたびにshouldを使うと単調になるため、次に言い換え例を示す。

The authors ***should*** explain X.
（Xを説明すべきです。）

Please *could* you explain X.
(Xを説明していただけますか。)

I *would recommend / suggest* that the authors explain X.
(Xを説明することを勧めます。)

It *would be advisable* to explain X.
(Xを説明することが賢明かもしれません。)

It *might help* the reader if the authors explained X.
(Xの説明があれば読者が理解しやすいかもしれません。)

なお、例えば上記の例では、Xを説明しなければならない理由を明確に伝えること。理由がわからなければ、著者は説明する必要性を理解できないかもしれない。次のように伝えよう。

Given that an understanding of X is crucial in order to appreciate the quality of the results, I suggest that ...
(結果の重要性を理解するためにXの理解が不可欠であることを考慮し、〜を提案します。)

I am not sure that readers will be able to follow the experimental procedure if they don't first have a clear understanding of X.
(読者は、最初にXをきちんと理解していなければ実験のプロセスを理解できないのではないかと思います。)

11.13 コメントごとにパラグラフを分ける

コメントは、エディターや著者ができるだけ読みやすい構成にする。すべてを1パラグラフにまとめてしまうと、あなたが伝えたことを著者が実行するのが非常に難しくなる。見出しをつけ、段落を分ける。通常はジャーナルからの指定がある。

伝えたいポイントごとにパラグラフを分ける。論文のどの部分に対するコメントなのかをページ番号や行番号で明記する。できればコメントに通し番号をつける。

11.14 明瞭で誤解されないコメントの書き方

受理またはリジェクトのいずれにせよ、すべてのポイントを分かりやすく、明確に書く。

次に挙げるのは、査読報告書に典型的な、役に立たないコメントである。解決策を何も提案せず、批判しただけのものだ。

One of my main concerns is that the level of pollution in the sediments has not been clearly characterized: on the basis of metal contents in sediments (Table 1) it is hard to establish a level of pollution; consequently, the validation of the methodology is quite weak.

気になる点の一つは、堆積物中の汚染の程度がはっきり示されていないことです。堆積物中の金属含有量（表1）に基づくと汚染の程度を証明することは困難ですので、採用された方法の妥当性はかなり低いです。

この報告は、次のように改善が可能だ。

I have three main concerns:

(1) the aim of the work is not clear—I am not completely sure whether this is simply a validation of a widely-used bioassay or a field study. If it is indeed a validation, then I am not sure of its utility, given that many cases have already been reported in the literature (as cited by the authors themselves). If it is a field study, then it might be useful to add more parameters.

(2) the parameters that the authors measured are too similar to each other and there are too few of them (only four). I would recommend using at least six parameters.

(3) the sediments that the authors chose are not very revealing in terms of metal pollution. What about using sediments from ... ?

気になる点が3点あります。

(1) 研究の目的がはっきりしていません。広く使用されている生物検定の単なる確認なのか、現地調査なのかよく分かりません。確認なのでしたら、すでに多くの事例がこの分野では報告されていますので（そのことは著者自身も述べています)、その有用性が分かりません。現地調査なら、パラメータを増やすことは有用かもしれません。
(2) 測定されているパラメータはお互いに似通ったもので、その数もわずか（たった4つ）です。パラメータは6以上にすることを勧めます。
(3) 金属汚染の観点から見て、著者が選択した堆積物はあまり発見の多いものではありません。~からの堆積物を使用してみてはどうですか。

修正後のバージョンは、(1)~(3) の最後のセンテンスから分かるように、論文改善のために何ができるかを著者に伝えている。

次の例では、著者が査読結果のどの部分に対応すればよいのか、はっきり分からない。

> Can the authors explain why the artificial seawater for the control was replaced daily?
> （対照群の人工海水を毎日交換した理由を説明してもらえますか。）

問題は本物ではなく「人工」の海水なのか、標本ではなく「対照群」なのか、毎時間や毎週ではなく「毎日」という頻度なのかだ。次のように明瞭に質問する。

> Why didn't the authors treat the control in the same way as the other samples (which did not undergo daily replacement)?
> （他の標本では毎日の交換を実施していませんが、対照群を同様の扱いにしなかったのはなぜでしょうか。）

次の例では、「対照的」の理由や、センテンスが「明確ではない」理由を示していない。そのため、著者には修正を要求される根拠となる情報がほとんど伝わらない。

> Lines 40–42: this sentence seems to be in contrast with the "Conclusion" section. Please clarify.
> (40~42行目：このセンテンスは「結論」のセクションと対照的だと思います。説

明してください。）

Line 51: ... sediments represent the major repository of integration and accumulation of ... This sentence is not clear.
（51行目：～堆積物は～の集積と蓄積の主要な貯蔵場所であることを表しています。このセンテンスは明確ではありません。）

査読者は著者に解読を強いている（が、それが正しいかどうかは分からない）。次のようにもっと具体的に、直球で書く。

In the Abstract (lines 40–42) the authors say that x and y were effective, but in the Conclusions it seems that only x is effective.
（アブストラクト［40～42行目］でxとyが有効だと書かれていますが、結論ではxだけが有効となっているようです。）

I am not sure how a repository can contain “integration.” What exactly do the authors mean by “integration” in this context?
（貯蔵場所がどのように「集積」を含むことができるのか分かりません。ここでの「集積」とは正確にはどのような意味ですか。）

具体的に、センテンスのどの部分が分からなかったのか、場所を示し、なぜ分かりにくいのかを伝える。

次に漠然としているため役に立たないコメント例を紹介する。

The length of the paper could be reduced considerably.
（論文の長さをかなり減らせると思います。）

The Discussion is rather poor.
（考察が貧弱ですね。）

The Conclusions do not add to the overall scientific knowledge in the field.
（結論はこの分野の科学的知見全体に貢献していません。）

The format of the tables is inadequate.
（表の形式が不適切です。）

The simulation analysis is not convincing.
(このシミュレーション解析には説得力がありません。)

上記の例では、なぜ査読者がそのようなコメントをしたのかを、また、それを修正するために何ができるのかを著者は知りたくなるだろう。例えば、一概にページ数を減らすといっても、特定のセクションを削るのか、図表を削除するのか、引用文献を減らすのか、冗長な単語やフレーズを減らすのかがわからない。

11.15 著者はyou、査読者はIとする

伝統的な書き方では、査読者が著者のことを書くとき、the authorsと呼ぶ。しかし、査読者の報告書は何よりも著者のためのものであることを考えると、著者を指すときにはyouと書くほうがはるかに直接的で、シンプルな方法だ。また、例えば他の論文の著者について書くときなど、第三の著者がかかわる場合に混乱を避けることができる。

査読者の匿名性は厳重に守られている。だからといって、自分が査読者になったときに、自分のことを間接的に称する必要があるということではない。例えば次の最初の文は、少なくとも私には非常に不自然に感じられる。匿名性を損なうことなく、その次の文章に書き換えることができる。

Specifically, this referee is concerned with the following issues ...
(特に、この査読者は以下の～の問題を気にしています。)

Specifically, I am concerned with the following issues ...
(特に、私は以下の～の問題を気にしています。)

次の例でも、一人称（私）を使わないことにより不自然になっている。

However, ***in the reviewer's opinion***, several critical weaknesses (enumerated below) affect the strength of the paper, which ***it is believed*** should not be accepted for publication.
(しかし、査読者の意見では、いくつかの致命的な弱点［以下に列挙］が論文の信ぴょう性に影響を与えており、論文の出版は認められるべきではないと考えられてい

ます。）

「it is believed（〜と考えられています）」は、「I believe（〜と私は考えます）」という意味だろう。

11.16 やみくもに英語のミスを指摘しない

著者の英語レベルに関する典型的なコメントを紹介する。1つ目は英語のノンネイティブ、2つ目はネイティブからのコメントだ。

> A big problem with this work is the English form: there are so many language errors that it actually seriously compromises one's ability to understand what is being presented. The paper needs an extensive revision by a native English speaker.
> （この論文の大きな問題は英語のライティングです。非常に多くの語学上のミスがあるため、提示された内容を理解することは非常に困難です。英語のネイティブスピーカーによる大幅な修正が必要です。）

> While I sympathize with the difficulties of writing in a foreign language, the poor quality of the English was asking too much of me. In the end I gave up. I also found their method of grandstanding their results to be quite obnoxious at times.
> （外国語で書くことの困難さはお察ししますが、それでもこの英文ライティングの質は私にとってかなりしんどいものでした。最終的に私はあきらめました。また、論文の結果を誇示する方法は、時に大変不愉快でした。）

忘れてはならない重要事項

- 著者の英語レベルは非常に低いかもしれない。したがって、査読結果はごくシンプルな英語で書くべきだ
- 研究資金が限られているかもしれない。余計なお金をかけることなく論文発表の可能性を高める方法の提案は著者に喜ばれるだろう
- 非常に若い著者かもしれない。やる気を削がないこと

著者の英語レベルを判断できないのに、「論文には修正が必要です」とだけ書く

のは勧められない。次のような問題を起こしかねないからだ。

- プロの校正者にお金を払うことを強いてしまう（実はジャーナルのエディターも母語が英語ではなく、英語のレベルを判断するだけの力がない可能性もある）
- 論文の発表が遅れる

いずれにせよ、英語について批判するときには曖昧にせず、場合に応じた対応が必要だ。

間違いが多いとき

> This paper needs a thorough revision by a native English proofreader.
> （英語ネイティブの校正者による全体的な修正が必要です。）

誤記やスペルミスだけがあるとき

> There are a few typos that need correcting (I suggest the authors turn on the spell check in Word).
> （修正が必要なタイポがいくつかあります［Wordのスペルチェック機能の使用を勧めます］。）

文法ミスが数点あるとき

> I noticed the following grammatical mistakes [*give a list*] but otherwise the English seems fine.
> （以下の文法ミスに気づきましたが［例を示す］、それ以外の英語はよいと思います。）

間違いが複数あると確信できるが、はっきりと場所を提示できる自信のないとき

> I don't feel qualified to judge the English, as it is not my mother tongue; however, I do feel that in some parts the English is not up to standard and is sometimes rather ambiguous.
> （私は英語のネイティブではないので、英語を判断できる資格はないと思いますが、一般的な使い方ではなかったり、曖昧に感じたりする部分がありました。）

英語に問題はないと思うが自信がないときは、何も伝えなくてよい。他の査読者の判断に委(ゆだ)ねよう。または、次のように伝える。

The English seems fine to me (but I am not a native speaker).
（英語はよいと思います［ただし、私はネイティブスピーカーではありません］。）

11.17 自らの英語のレベルとスペルに注意

査読者として、著者の英語についてのコメントをした場合、自身の英語についても注意しよう。自分への信頼が損なわれる可能性がある。通常は、可能な限り一般的なフレーズだけを使えばよいだろう。The English must profoundly to be enhanced（英語を深く強化しなければならない）などと書いてしまうと、自分の英語レベルのほうが著者よりも低いことを示すことになりかねない。また、次のようなスペルミスや不適切な書き方にも注意しよう。

Figure 4 sounds wired to me—why is the resolution worst when does the flow rate increase?
（図4はおかしく聞こえます。流量が増加するときになぜ分解能が最低なのですか。）

このセンテンスにはいくつかの間違いがある。まず、soundsはlooksとすべきである（図は聞くものではなく、見るもの）。wiredはweirdのスペルミスだが、weird（異様な、変な、の意）は特に口語調の単語だ。worst（最上級）はworse（比較級）の間違いで、最後のセンテンスはwhen the flow rate increasesという意味だろう（疑問詞はwhyであり、whenではない）。

また、英語についてコメントをする際には、自分もミスしないように細心の注意を払おう。エディターと著者の両方から信頼を失うことになりかねない。次の例では英文の質についてコメントしているが、自分の英語も間違っている（間違いをイタリック体で示した）。

English need to be corrected by an ***english*** speaker.
（英語話者に英語を修正してもらう必要があります。）

The ***orgnization*** and writing of the paper ***need to improve***. There are some grammar errors ***need to correct***.
（論文の構成とライティングを改善する必要があります。修正が必要な文法ミスがあります。）

I would ***suggest the authors to*** have some ***native English speaking*** to go through it.
（ネイティブの英語スピーカーに全体を点検してもらうことを著者に提案します。）

If the paper is accepted, I strongly recommend ***an English prof-reading***.
（論文が受理される場合は、英語校正を強く勧めます。）

Rev 1: The paper is generally well written (the English is good).
Rev 2: ***A proof reading by a mother tongue*** would improve readability.
（査読者１：論文は全体的によく書けています［英語はよいです］。
査読者２：母語による校正を受けると、読みやすさが高まるでしょう。）

（http://shitmyreviewerssay.tumblr.com/ から引用）

11.18　著者の英語レベルについて、私からのお願い

査読者、特にノンネイティブの査読者の皆さんにお願いがある。私は、リジェクトの第1の理由が［英語が低レベル］とされた論文を非常に多く見てきた。このようなコメントは、私や他の仲間がその論文の英語を修正した“後”に、査読者によってなされたものだ。確かに、私たちが見落とした誤りや、著者が最終的な修正を行う際に混入した誤りがあったかもしれない。しかし、そのようなミスがリジェクトを正当化するほどのものであることはまれだ。私は英語教師であるため、コメントから査読者がネイティブかノンネイティブかを楽に見分けることができる。このようなコメントは、ほとんどノンネイティブの査読者から出されている。

誤りが多く、論文の理解を妨げるほど深刻であると確信しているのであれば、もちろん、エディターと著者への注意喚起は正当だ。しかし、以下のことを覚えておいてほしい。

- 論文の校正を依頼するためには多額の費用がかかる。研究資金はますます減っており、世界の一部地域では事実上存在しない。不必要な英語の修正を求めているのであれば、それは研究者の時間とお金を浪費していることになり、その費用は研究にあてたほうがよいかもしれない

- よくある誤りを数点見つけた場合（例えば、in the literatureとすべきところがin literature、it was found thatとすべきところがit was founded thatなど）、論文の残りの部分にもこのタイプのミスが多く含まれていると早々に結論を出してはならない（そうかもしれないし、そうではないかもしれない。もしそうならば著者に伝えるべきだが、確認すべきだ）

- ネイティブスピーカーでもミスしやすいスペルがある：catagory（正しくはcategory）、definately（definitely）、equiptment（equipment）、foriegn（foreign）、fullfill（fulfill）、goverment（government）、maintainence（maintenance）、neccessary（necessary）、relevent（relevant）、transfered（transferred）。また、ネイティブスピーカーがよく混同する単語にthey'reとthereとtheir、itsとit'sがある。したがって、ネイティブスピーカーなら英語を批判されることは（皆無ではないにせよ）ほとんどないと思っているかもしれないが、ノンネイティブを批判する前にもう一度よく考えてほしい

あなたがネイティブスピーカーなら他の研究者の英語を批判したくなるかもしれないが、相手は自分と違って何年も英語を学び続けている人かもしれない。私が住んでいるイタリアでは、計算上、多くの研究者が英語学習に約10,000ユーロ、論文の添削に1本平均150ユーロを費やしている。これらはネイティブスピーカーにはかからない費用であり、無理にノンネイティブの研究者に押しつけてはならない。

しかし、いい加減な英語といい加減なスペルが、方法がいい加減であること、ひいてはデータがいい加減であることを示す可能性があると思うのであれば、もちろん査読報告書に書くべきだ。

第12章 査読結果に返信する

賢者の言葉

査読結果が期待していたものではなく、必要以上に批判的に感じられる場合は、ただちにメールを返信することはせずに、数日待ってから返信する。そうすることで最初の怒りや喪失感が薄らぎ、報告書を再読したときに何か役に立つことを見つけることができるかもしれないからだ。誰かに内々のレビューをお願いした場合も、その内容に対して批判的になるのはもちろん賢明ではない。この場合もジャーナル側から査読報告書を受け取ったときと同じ姿勢で臨まなければならない。査読者は論文受理に至るまでのハードルの一つでしかない。査読結果から学び取ることだ。提案内容を前向きに理解して原稿に取り入れる。数ヵ月後には、自分がどのような変更をしたのか、なぜ変更をしなければならなかったのかなどは忘れ、自分の原稿が掲載されたときの満足感だけが記憶に残るだろう。

ブライアン・マーティン（*Surviving Referees' Reports*著者
オーストラリア・ウーロンゴン大学社会科学教授）

＊

何百人もの大学院生を指導してきたが、学生が難しいと感じることには一貫したパターンがある。最も注目すべきは、大学院生は通常、感情知能ではなく技術的な能力の訓練を受け、選抜されてきたため、コミュニケーション能力は自ら身につけなければならないことが多いということだ。つまり、査読者のコメントに出てくるような鋭い匿名のフィードバックに直面した場合、どのように対応すればよいのか途方に暮れることが多い。このような状況下で自らを知り、前向きな取り組みを継続する力を身につけることは、アカデミックなキャリアにおいても、産業界と同等以上に重要だ。

アレックス・ラム（アレックス・ラム・トレーニング
アカデミアとビジネス界のエンパワーメントに取り組むトレーナー）

＊

科学論文のエディターとして、査読結果への返信を多数読んできた。もちろん、著者は査読者の言うことすべてを単純に受け入れるべきではない。しかし、どのような場合でも、受け入れない理由を述べるときには、査読者の評判、専門知識、認識に疑問を呈することなく、建設的に伝えることがよい結果をもたらす。私からアドバイスをするとすれば、少なくとも24時間待ってから「送信」ボタンを押そう。これにより、1日かけて怒りを放出し、翌日には返信内の怒りの兆候をすべて取り除くためのゆとりができる。

アンナ・サザン（イングリッシュ・フォー・アカデミクス編集者）

12.1 ウォームアップ

論文は、2〜3人の専門家（reviewerまたはrefereeと呼ばれる査読者。➔**第11章**）によって査読が行われることが多い。査読コメントに関するジャーナルエディターへの返信は「rebuttal（反論レター）」とも呼ばれる。

エディターへのレターの冒頭を2通紹介する。次の点を考えながら読んでみよう。問題となっている原稿は、どちらも3名の専門家がレビューしている。

- エディターはどのように反応しただろうか
- レターのどこをどのように改善できるだろうか

レターA

Let us first thank the reviewers #2 and #3 for their contribution. Their suggestions were very useful during the revision process and have been incorporated into the revised manuscript. They helped us to understand the weak points of the paper and, as a result, we believe the quality of the revised paper has been significantly improved.

（まず、査読者2、査読者3の貢献に感謝いたします。お二人の提案は修正の過程で非常に役に立ちました。修正後の原稿に組み込まれています。おかげで論文の弱点を理解することができ、その結果、修正後の論文の質は大幅に向上したと考えています。）

レターB

> We are highly disappointed by reviewer 3's comments which appear to us biased and unfair. He / She has the right to disapprove of a paper but, in our opinion, most of the comments do not match the content of the paper or are false. The positive and constructive comments from the other reviewers are the best answer to him / her.
> （私たちは、偏見があり、不公平に思える査読者3のコメントに非常に失望しています。査読者には論文を認めない権利がありますが、私たちの意見では、コメントのほとんどは論文の内容と一致していないか、または間違っています。他の査読者からはポジティブで建設的なコメントをいただいていることがその証しです。）

私はこれまでに何百もの査読結果への返信を読んできたが、査読者1を無視したレターAも、査読者3を非難したレターBも非常に危険だ。あなたの目的は、自分の論文を発表すること、ただそれだけだ。査読者を苛立たせたり、侮辱したりしてはならない。

- まず、査読者の言葉への共感を示す（そうすることで、査読者やエディターは喜び、その後の記述が受け入れられやすくなる）
- 批判的にならずに考えを伝える。査読者を追い詰めることなく、自分の正しさを示すことができる

オーストラリアのウーロンゴン大学ブライアン・マーティン社会科学教授は、次のように語っている。

「査読者のコメントは障害物競走の一部と考えるとよい。あなたのゴールは、あなたの論文を発表して読者に伝えることだ。査読者を乗り越えることは目標を達成するために必要だが、その過程で自分の論文の質をより向上させることもできるかもしれない。そのためには、批判にこだわるよりも、計画的に修正を進めていくほうが生産的だ。」

論文が修正後に受理される可能性があったにもかかわらず、リジェクトされることがある。これは（確かなデータはなく、私の推測だが）、著者が査読者のコメントに対応する際に、否定的で敵対的な姿勢を取ったからではないかと思う。本章では、査読者の批判や意見に対して、失礼にも卑屈にもならずに、どう対応していけばよ

いのかを説明した。これにより、あなたの原稿が発表される可能性は高まる。

本章で学ぶこと：

- 最大の目的はプライドを守ることではなく、論文を発表すること
- 回答の語調が論文の採否に大きく影響することがある
- 一般的には、査読者の提案を受け入れることが理にかなっている

12.2 リジェクトされるのはあなたの論文が初めてではない

ファン・ミゲル・カンパナリオ氏の研究と論文*Have referees rejected some of the most-cited articles of all times?*（優秀な論文を査読者は不採用にしていないか？）では、主要な論文の著者が研究やその発表で困難や抵抗にぶつかったことが示されている。

論文がリジェクトされると、著者は個人的な拒否を受けたかのように理解することがよくある。現実には、論文がリジェクトされる（修正の対象となる）のはまったく一般的なことであり、正当だ。このようにして科学は発展してきた。他の科学者の評価を受けながら、その過程で多くの有益なアドバイスをもらうことができる。怒りと客観性を切り離すのがコツだ。

12.3 査読者とエディターが喜ぶ構成にする

論文がアクセプトされる可能性を高めたいなら、以下の4段階の戦略を試してみてはどうだろう。

第1段階：査読者の意見の中で、自分が納得できるものを探す

> The referee is certainly right when he / she says that ...
> **（査読者が～とおっしゃるのは確かに正しいです。）**

I thank the referee for pointing out that ...
（査読者が〜をご指摘くださったことに感謝します。）

I agree with the referee's comments about ...
（〜に関する査読者のコメントに同意します。）

We have implemented the referee's useful observations about ...
（〜に関する査読者の有益なご意見を採用させて頂きました。）

このような表現は査読者の信頼性や威厳を傷つけない。査読者は自分の専門知識が尊重されていると感じるだろう。

第2段階：査読結果を反映したと伝える

Referee 1 suggested providing more complete results. This was a very useful suggestion, so we have now applied the proposed method to a typical industrial application (see the new Section 5).
（査読者1から、すべて漏れなく結果を提供すべきであるという非常に有益なご提案を頂きました。修正し、提案された方法を典型的な産業用アプリケーションで使用しました［新しいセクション5を参照］。）

第3段階：査読者を満足させたこの状態で、他の修正をしなかった理由を伝える

Given that the paper is intended for a broad audience, we decided not to cut the first two paragraphs of the Introduction.
（本稿は幅広い読者を対象としていることを考慮し、序論の最初の2パラグラフはカットしないことにしました。）

第4段階：可能ならば、査読結果について何か肯定的なことを書き、締めくくる

We would like to thank the referee once more for sparing the time to write so many detailed and useful comments.
（詳細で有益なコメントを書く時間を割いてくださった査読者に、改めて感謝したいと思います。）

12.4 回答はできるだけ分かりやすいレイアウトで

私は、査読者への返信の構成について、これまでいろいろなやり方を見てきた。ベストなのは、どこがどのように変更されたのかを、査読者とエディターの両方が理解できるレイアウトだ。

各査読者への返信は、査読者ごとに別々の文書にまとめよう。コメントや質問に番号がついている場合、各コメントの下に自分の返答を貼りつける方法が最も簡単だ。例を挙げる。

REFEREE 1

>page 4, line 2: there is no clear connection between the two sentences.

The sentences have been clarified as follows: ...

>page 5, paragraph 3: this paragraph adds no value, I think it could be
>deleted

Done.

>page 7, last line: What does "intervenes in the process" mean in this
>context?

We have replaced "intervene in" with "affects the process." NB this line now appears at the top of page 8.

査読者 1

>4ページ2行目：2つのセンテンスの間にはっきりとした関連がありません。

センテンスを次のように書き換えて分かりやすくしました。～。

>5ページ第3パラグラフ：このパラグラフは価値を生み出していないため、削除
>できると思います。

削除しました。

>7ページ最終行：ここでの「工程に介入する」とはどういう意味でしょうか。

「工程に介入する」を「工程に影響を及ぼす」に修正しました。なお、修正により8ページの冒頭に記載されています。

上記の例では、査読者からのコメントをイタリック体、自分の返信を標準のフォントに設定している。このように字体を使い分けると、以下のように不要な重複箇所が続いて見にくくなることがない。

Referee: 1) page 4, line 2: there is no clear connection between the two sentences.

Author: The sentences have been clarified as follows: ...

査読者：1）4ページ2行目：2つのセンテンスの間にはっきりとした関連がありません。

著者：センテンスを次のように書き換えて分かりやすくしました。～。

以下はさらに悪い例だ。

Answer to referee's comment No. 3) page 7, last line: What does "intervenes in the process" mean in this context?

WE HAVE REPLACED "INTERVENE IN" WITH "AFFECTS THE PROCESS."

7ページ最終行に対するコメント3番「ここでの『工程に介入する』とはどういう意味でしょうか」への回答：

「工程に介入する」を「工程に影響を及ぼす」に修正しました。

大文字を並べる書き方は特に見苦しく、小文字よりも読みにくい。

査読者によっては、ページや行を明示せず、1つまたは複数の長いパラグラフで参照場所を示さずにコメントする人もいる。パラグラフが分かれていない場合は、3～4行ずつで改行し、小さくなったパラグラフの下に一つ一つの回答を入力する。

以下に紹介するのは、査読者からのコメントを著者がイタリック体に変更した例だ。そのあとに、標準のフォントで著者が回答している。必要に応じてページ番号や行数を記載しよう。

>The experimental procedure is not sufficiently informative to allow repli-
>cation. How was the overall procedure carried out? The author should
>explain the procedure in detail or cite a reference. Was this procedure
>applied to the whole sample or just to a part of it? In addition, the instru-
>ments for determining X and Y should be reported.

We agree with the referee's comment regarding replication. On page 6 we have inserted a reference to one of our previous papers that contains a detailed description of the total digestion procedure. We have specified that it is applied just to the elutriate. Regarding the two instruments, in the original manuscript we had in fact stated what they were, but in a different section. So we have now moved these statements to a more logical position in the Materials section (page 5, second paragraph).

>実験を再現可能にするための情報が足りません。全体的にどのように実施しま
>したか。著者は詳しく工程を説明するか、参考文献を引用すべきです。この工
>程を適用したのはサンプルのすべてか一部か、どちらでしょうか。また、XとY
>の測定機器についても報告すべきです。

再現性に関する査読者からのコメントに同意します。6ページに温浸工程全体の詳しい説明を記載した私たちの先行論文の引用を挿入しました。これが洗浄水に限定されることを明記しています。2つの機器につきましては、その詳細について、論文の別のセクションに記載していました。そのため材料セクション（5ページ第2パラグラフ）にこの文章を移動させ、論理的になるようにしました。

査読者からのコメント（ページ番号や行番号がついていなければ、ないままでよい）の下にフォントを変えて返信を入力し、以下の構成で回答をまとめよう。

1. 査読報告書全体に対する総括的なコメント。個々の報告に対してはコメントしない（省略可能）
2. 査読者1に対するコメント。その後、同様に査読者2、査読者3と続ける。査読者とエディターが修正点を理解できるように、必要に応じて新旧両方のページ番号を添える
3. 返信のまとめ

12.5 短くまとめる

短く書ける内容を不必要に長く説明しない。以下に例を挙げる。

> I greatly appreciate the fact that the referee highlighted the English mistakes. I really need this because I am not a native English speaker. In the new version of the paper I have fixed all the mistakes that the referee reported.
> （査読者が英語の間違いを指摘してくださったことに大変感謝しています。こちらは英語のネイティブスピーカーではないため、大いに助かります。修正稿では、査読者が知らせてくださったすべての間違いを修正しています。）

この文章は次のように簡潔に書くことができる。

> The English has been revised [by a professional mother tongue speaker].
> （[プロのネイティブスピーカーに見てもらい］英語を修正しました。）

12.6 the authorsではなくweと表記する

自分たちのことをthe authors（著者）と表現することは、人工的であるだけでなく、次のような奇妙なセンテンスを作り出してしまう。

> ***The authors*** were pleased that the paper was appreciated. With regard to the referees' concerns about the procedure, ***they*** have tried to explain it in more detail ...

(著者は論文が認められたことについて喜んでいます。実験手順に関する査読者からのコメントについて、彼らはさらに詳しく説明しようと努力しています。)

自分たちのことをthe authorsと呼ぶと、その後の代名詞は自分たちのことにもかかわらず、theyとしなければならなくなる。他の著者数人の代表として自分が査読者に回答を書いているようにも解釈でき、非常に奇妙なだけでなく、不明瞭になりうる。上記のtheyは著者だろうか、査読者だろうか。それよりも簡単で、論理的で、自然な表現はweだ。

We were pleased that the paper was appreciated. With regard to the referees' concerns about the procedure, ***we*** have tried to explain ***our*** procedure in more detail ...
(私たちは論文が認められたことについて喜んでいます。実験手順に関する査読者からのコメントについて、私たちはさらに詳しく説明しようと努力しています。)

12.7 コメントの意味が分からないのは恥ずかしいことではない

時には査読者が理屈の通らないコメントをすることがある。そのような場合には次のように伝えよう。

Unfortunately, we were not able to understand this comment.
(申し訳ございませんが、このコメントの意味が分かりませんでした。)

We are not sure what the referee means here.
(査読者がここでおっしゃっている意味を理解できているか自信がありません。)

It is not clear, in our opinion, what the referee is referring to.
(査読者が何を指していらっしゃるのか曖昧だと思います。)

12.8 修正点を伝える時制は現在形か現在完了形

原稿の修正点をエディターに伝えるときに使う時制は主に3種類だ。

修正点を伝えるときは現在完了形

> We have reduced the Abstract to 200 words.
> （アブストラクトを200ワードに減らしました。）

> We have given names to each section.
> （各セクションに名前をつけました。）

原稿が修正後にどのようになったかを伝えるときは現在形

> The Abstract is now only 200 words long.
> （アブストラクトはわずか200ワードになりました。）

> Sections are now referred to by name.
> （セクションに名前がつきました。）

判断を伝えるときは過去形

> We decided to keep the tables because ...
> （～のため、表は残すことにしました。）

変更しなかった事項を伝えるときには、現在完了形でも過去形でもよい。

> We have kept / kept Figure 1 because ...
> （～のため、図1は残しています / 残しました。）

上記の時制の使い分けは決まったものではなく、私が査読報告への返信を多く読んできた経験による基準だ。

12.9 修正しなかった事項と理由を説明する

エディターは勧めにしたがって修正が行われた箇所と同様に、修正されていない箇所にも興味を持つだろう。修正しないと判断した場合は、その理由を説明する必要がある。次の例のように、査読者のコメントはイタリック体、著者の返答は標準のフォントで示す。

>Remove Table 1. It contains no new information.

We have kept Table 1 as we believe it does contain important information. In fact, in the second column we report the values of ... In addition, the third column shows ... We believe it is important for the reader to see these values in tabular form as they give a very clear visual comparison of the various approaches.

>The appendix can be deleted; it serves no purpose other than unnecessar-
>ily extending the length of the paper.

Although we agree with the referee that the paper is rather long, we believe that the appendix is vital for those readers who ...

>The authors have failed to provide details of the procedure for x.

These details are in fact provided in Ref. 2 (see page 6, line 17); for the sake of space we did not reproduce them in the current manuscript.

>表1は新しい情報を含んでいないため、削除してください。

表1は重要な情報を含んでいると考えるため、残しています。それは2列目で～の値を報告しているからです。また、3列目では～を示しています。幅広い方向から視覚的に比較できる形になっているため、表形式で値を示すことは読者にとって重要だと考えます。

>付録は削除可能です。論文の長さを必要以上に長くしているだけで、何の役に
>も立っていません。

論文が比較的長いと査読者がおっしゃる気持ちに同意しますが、～な読者にとって付録は欠かせないと考えます。

>xの手順の詳細を著者は説明していません。

この詳細は参考文献2（6ページ17行目参照）に記載しています。スペースの関係で、本文に再掲しませんでした。

12.10 査読者に反対意見を述べるときは丁重に

査読者の考えを否定することを示すような動詞（disagree）や副詞（but、although、moreover、despite this、nevertheless、in factなど）の使用はできるだけ避けよう。回避することで、反対していることに注目されることなく目的を達成することができるはずだ。

査読コメント

There is a lack of any innovative contribution.（革新的な貢献が欠けています。）

直接的すぎる返答

We do not agree at all. Moreover, we have not found any examples of a similar contribution in the literature.（まったく同意できません。それどころか、類似の貢献をした例は文献に見つかりません。）

丁重な返答

Having read the comment about lack of an innovative contribution, we rechecked the literature and could find no examples of anyone having used this method before. We believe that our work really is innovative for the following reasons:（革新的な貢献が欠けているというコメントを拝読し、文献を再確認しましたが、これまでにこの方法を使用した例をどこにも見つけることができませんでした。我々の研究が真に革新的だと考える理由は次のとおりです。～）

査読コメント

Some of the results are misleading.（結果の一部は誤解を招きかねません。）

直接的すぎる返答

If Ref 1 had taken the time to read the whole paper, he / she would have seen that in Sect 4 we argue that the results were unexpected.（査読者1が論文全体を読んでいれば、想定外の結果であったことをセクション4で説明していることに気づけたでしょう。）

丁重な返答
The referee certainly has a point in terms of x and y (which we have now corrected). Also, see Section 4, where we argue that the results were unexpected.（xとyについて、査読者のおっしゃるとおりだと思います〈修正しました〉。また、セクション4に結果が予測できないものだったことを説明していますので、ご一読ください。）

査読コメント
The results are incomplete.（結果は未完成です。）

直接的すぎる返答
Incomplete in what sense?（未完成とはどのような意味ですか。）

丁重な返答
We understand what the referee is saying. We thought that we had covered all aspects, but on the basis of the referee's comment we have added a short case study to indicate the completeness of our results.（査読者がおっしゃる意味は分かります。すべての側面を網羅したつもりだったのですが、査読者からのコメントに基づき、結果の完成度を示すための短いケース・スタディを追加しました。）

査読コメント
Cut Table 1—it repeats much of what is already in the text.（表1を削除してください。ほとんどが本文の繰り返しです。）

直接的すぎる返答
Although there is some repetition we disagree with the referee; in fact we think it is essential for reader comprehension.（確かに重複箇所はありますが、査読者には同意できません。それどころか、読者に理解してもらうためには必要不可欠だと考えます。）

丁重な返答
We appreciate that Table 1 repeats some of what is already in the text, but in our experience this kind of table significantly helps readers to understand the concepts better.（表1に本文で書いたことが繰り返されていることは

承知していますが、経験に基づき、このような表があった方が、読者が概念を理解するために大いに役立つと考えます。）

査読コメント

The Conclusions are almost the same as the Abstract.（結論とアブストラクトがほとんど同じです。）

直接的すぎる返答

The referee may have a point; however, we have read many other papers published in the Journal, even by native speakers of English, which adopt exactly the same technique.（査読者のおっしゃるとおりかもしれません。しかし、当ジャーナルで発表された他の多くの論文を読んできましたが、英語のネイティブスピーカーの論文でさえ、まったく同様のテクニックが採用されています。）

丁重な返答

The referee is right and we have made several changes to ensure that the Conclusions are different from the Abstract, by

- talking about possible applications
- mentioning future work

（査読者のおっしゃるとおりでしたので、アブストラクトとの違いをつくるため、結論に次の修正を加えました。

- 応用の可能性に言及
- 将来の研究について言及）

査読者のコメントすべてを単純に受け入れよと推奨しているわけではない（特に、見当違いのコメントの場合）。自分が正しいと考えることを伝えればよく、可能な限り丁寧に、礼儀正しく行えば、エディターはあなたの意見を受け入れる気持ちになるだろう。

なお、前述の最後の例は、間違いがあれば認めることの重要性を示している。弁解できないものを弁解しようとしないこと。

12.11 研究の限界を指摘されたときは、建設的に対応する

査読者の主な仕事の一つは、科学的視点から研究の限界を見つけることである。これは、研究を台無しにしようとしているのではなく、研究を考え直し、改善に導こうとするためのものだ。

時には、コメントには同意しても、限界があるために修正できることは何もないという気持ちになることもあるだろう。このような場合には、rebuttal（反論レター）とも呼ばれる返信で、反駁(はんばく)または正当化することが必要となる。

例えば、「著者はXのデータの調査を検討すべきです」と査読者から書かれたとしよう。返信として、次のように書くことができるだろう。

We were unable to access the data on X because such data are not available in the public domain. Other studies found the same problem (e.g. Lu 2015, King 2017) and such authors thus decided to focus only on Y and Z. We are currently in the process of collecting data on X, and this will be the subject of a future paper.

Xのデータは公開されていないため、入手できませんでした。他の研究の著者も同様の問題に直面しており（Lu 2015年、King 2017年など）、そのためY及びZのみに焦点を当てる判断をしています。現在、Xのデータについては収集中のため、将来の論文では検討できるでしょう。

ただし、査読結果を考慮して、本文を修正する必要はある。Xの調査がないことに査読者が疑問を持ったのならば、読者も同様の疑問を持つ可能性があるからだ。

例えば、上記の最後のセンテンスを結論のセクションに加えてもよいだろう。挿入することによる効果は2つある。

- 限界がある（Xのデータはない）ことを認める
- 問題を認識し、積極的に解決しようとしていることを示すことで、Xのデータがないことを正当化できる

12.12 査読者のコメントやジャーナルの仕事を批判しない

数ページにわたって自分の研究を批判されると、相手の行動を批判したくなるのは通常、自然な反応だ。次は、査読者に対して“書いてはならない”例である。

例1

I would also like to mention that Reviewer 3 seems rather superficial in his report, at least in the second part where he suggests that I should consider "other …… books …, e.g. by Wilkins or Guyot," without any other reference data—I find such remarks extremely unhelpful.
(報告書に記載された査読者3のコメントは、どちらかといえば表面的だと思います。少なくとも、WilkinsやGuyotなどの他の〜や書籍〜を検討すべきだと、参考データもなしに提案している第2パートについては、このうえなく非協力的だと思いました。)

例2

Reviewer 2 seems to be questioning my background and my level of expertise in the research area. I demand to know who has dared to assume the responsibility of making derogatory comments violating the integrity of a fellow academic. I pity your journal—why do you select people like this to humiliate other professionals? I will not hesitate to inform the community of your journal's practice.
(査読者2は、本研究分野における私の経歴と専門知識のレベルに疑問を持っていらっしゃるようです。同じ研究者の尊厳を侵害する中傷的なコメントをされた責任を誰が取ってくれるのかぜひとも知りたいです。貴誌のことを気の毒に思います。他の専門家に屈辱を与える人をなぜ選んだのでしょうか。貴誌の行動をコミュニティに知らせることを私はためらいません。)

本書で強く皆さんに伝えたいのは、自分の重要な目的は何かを忘れてはならないということだ。今のあなたの重要な目的は、論文を発表することではないだろうか。

例2 では、査読者2をことさら批判の対象としているが、これは適切な方法とはいえない。発表の可能性を高めるものでもない。査読者2がこのような返答を読んでも意見を変えない可能性は非常に高い。それどころか、人間の本性の法則として、もともとの立場にさらに固執する可能性が高い。また、査読者2がエディターの個人的な知り合いではないという保証はどこにもない。

コツは、査読者の評判、プロ意識、専門知識に疑問を呈する文を書かないことだ。査読者を侮辱すれば、ほぼ間違いなく論文はリジェクトされる。

もし自分が、査読報告書に熱く猛烈に反応した場合は、返信を書いたあと、数日間、寝かせる。その数日間に、査読者の文章に一理ある部分を見つけ、修正によって遅れが出ることなくただちに論文を発表したいという期待があったがための過剰反応だったと気づけるかもしれない。

返信を書いたあと、ゆっくり、注意深く読み返し、わずかでも査読者の気に障るようなセンテンスを見つけたら削除することを強く勧める。論文発表の道のりに、そのようなセンテンスは何の役にも立たない。査読者を苛つかせ、査読者を選んだエディターの能力に疑問を投げかけるだけだ。この先、そのジャーナルで発表できるチャンスを消し去るものでもある。

12.13 査読者からのアドバイスを無視したらどうなるか

研究者が査読結果を受け取って満足感を得ることはまれだ。論文をはっきりとリジェクトする、または現実的でないほど大量の修正を要求する報告書を読めば、ひどく気落ちし、残念ながら屈辱的な気持ちにもなりうる。

査読者からのコメントを読むときの心構えとしては、個人的な攻撃として受け取ることなく、原稿の改善のために親身になって助言してくれていると考えることだ。査読者が論文を完全に誤解している場合も確かに存在する。しかし、たいていの場合、その誤解は論文ではっきりと意見を表現できていなかったか、結果や重要性をうまく強調できていなかったという事実が原因だ。

もし、査読者からのアドバイスを無視するという選択をすれば（特にアドバイスが建設的に書かれていた場合）、査読者から次の例のような2回目の報告書を受け取るリスクが生じる。

> I very much appreciate the authors' efforts to meet the referees' requirements. However, I have re-read their new version several times to convince

myself that may be I had reached the wrong conclusions in my previous assessment. Despite this I am now more convinced than ever that the paper cannot be accepted. The manuscript is still confusing for the reader. The complexity of the topic does not justify the excessive length of the manuscript nor the excessive number of tables and figures.

In my previous report I suggested the authors should (i) try to be clear and concise in describing their aims and methods, (ii) present their most important relevant findings through an appropriate selection of significant data, and (iii) ensure that their Discussion and Conclusions reflected the data.

Unfortunately, the authors chose to ignore my suggestions, and consequently their manuscript is not substantially different now from its original version.

Consequently, I regret having to recommend that this manuscript should not be accepted for publication. This is a real shame as it contains much data of interest to the community, and also adopts a novel approach.

査読者の要求に対応しようと努力してくださったことに感謝します。ただ、前回の私の判断は誤っていた可能性があると自分自身を納得させるために、修正後の論文を数回読み直しました。それでもなお、本稿は受理できないと今ではさらに確信を持ちました。本稿は読者にとってまだ、混乱を招く書き方のままです。テーマの複雑性を勘案したとしても、本稿は長すぎますし、図表は多すぎます。
前回の査読報告書で、(1) 目的と方法の説明を明確かつ簡潔にする、(2) 重要なデータを含む適切なセクションに最も重要な発見を提示する、(3) 考察と結論にデータを確実に反映させる、の3点を提案しました。
残念ながら、著者は私の提案を無視する判断をしているため、原稿は前回と実質的に変わらないものとなっています。
したがって、遺憾ではありますが、本稿を受理して発表することは勧められないと報告いたします。コミュニティにとって興味深いデータが多く含まれており、新規性のあるアプローチも採用していることから、非常に残念に思います。

上記の例では、査読者が科学的内容そのものには問題がなく、データの提示方法を問題にしていることが示されている。査読者が懸念しているのは読みやすさが基本的に欠如していることで、それを理由に論文をリジェクトしている。論文を読みやすいように修正し、査読者の懸念を払拭することは著者にとってそれほど難しいことではなかっただろう。

第13章

エディターとのやりとり

賢者の言葉

私は多数の科学雑誌でエディターやゲストエディターを務めた経験を持つ。エディターとして、私は論文発表を願うすべての研究者・著者とよい関係を築こうと常に努力している。査読者への返答にしても、エディターへのカバーレターにしても、著者が建設的な方法を使うと出版工程がとてもスムーズになる。もちろん、エディターとして最も重要なことは、論文の科学的価値を判断することだ。しかし、我々も人間であり、無意識かどうかは別として、著者から否定的または攻撃的な態度を取られた場合、影響を受けるものだ。

ルチアーノ・レンツィーニ（イタリア、ピサ大学情報工学部教授）

＊

カバーレターは、論文発表に至る第1ステップだ。文法の間違いやスペルミスを含む下手なレターでは、エディターによい第一印象を与えることはできないだけでなく、その後に読むあなたの論文に影響を与える可能性もある。また、原稿はあなたの単なる好意で送っているわけではない。エディターにあなたの仕事の重要性を納得させる必要がある。字数はできるだけ減らす。エディターは1日100通ものメールを受け取ることがあり、通常、長たらしい説明は歓迎されない。常にエディターの視点から物事を判断し、エディターが楽になることを実践すれば、アクセプトされる可能性は必ず高くなる。

マーク・ワーデン（*Speak Up*誌編集者）

＊

論文執筆者としての長年の経験から学んだことを踏まえ、初めて執筆する人に伝えたいことは、エディターに対して常に礼儀正しくあることだ。編集はきつい仕事であり、その仕事に対して感謝する意義は大きい。あなたの主たる目的は、できるだけ早く論文を発表することだ。できることは何でもして、論文発表までの工程から障害を取り除くとよい。たとえ大きな意見の相違があったとしても、常に礼儀正しくあるべきだ。エディターの視点にあらゆる方法で感謝し、できれば取り入れよう。

キース・ハーディング（英語教育教材開発・講師）

13.1 ウォームアップ

(1) 数ヵ月前にジャーナルに論文を送ったとしよう。あなたはメールを2回送ったにもかかわらず、エディターからの返事がない。次の3つの指示に従って、メールを書いてみよう。

1. 件名を考える
2. 状況を説明し、論文が受理されたかどうか質問する
3. 最初と最後に適切な挨拶文を用いる

(2) 次のメールを見てみよう。英語の間違いが複数あることに加えて、何が問題だろうか。

Subject line: Paper submission

Dear Sir

My name is Pinco Pallino and I submitted my paper to you several months ago and I am still waiting for your judge.

This is the third email I write to know if my paper was admitted or not. Please answer me in any case.

Best regards

件名：論文提出
担当者様
私はピンコ・パリーノと申します。数ヵ月前に論文を提出し、貴社のご判断をお待ちしています。
論文が認められたかどうかを知るためにメールを書くのはこれが3回目です。どのような状況にせよ、お返事ください。
よろしくお願い申し上げます。

本章の「賢者の言葉」でふれたように、エディターとよい関係を築き、保つ重要性を軽視してはならない。本章では、論文発表のチャンスを高めるための方法を紹介する。重要なポイントは2点だ。

- カバーレターは論文受理の可否に影響をおよぼす
- エディターやジャーナルについてネガティブなことを書かない

13.2 達成する必要のあることだけに集中する

ピンコ・パリーノのメール（➔**13.1節**）の問題は、論文発表の機会を増やすどころか逃がしているところにある。理由は次のとおりだ。

- あまりにも平凡な件名を使用している。エディターの主な仕事は論文投稿を扱うことであり、この種の件名では非常に分かりにくい
- エディターの名前を調べる手間をかけていない
- メールを3通送っても返信しないとはいったいどのような人物なのだ、と明らかにエディターを批判している
- エディターにあなたの英語力が低いことを示している。メールの英語が悪いため、論文でも低レベルである可能性が高いとエディターは結論づけるかもしれない

改善例を挙げる。

Subject line: Paper submission Manuscript 1453

Dear Helena Smith

I was wondering if you had received my email sent 14 September (see below) regarding the submission of my manuscript (1453).

Please find attached a copy of the paper for your convenience.

Best regards

件名：論文提出　原稿1453
ヘレナ・スミス様
9月14日にお送りした私の原稿（1453番）の提出についてのメール（下記参照）はお手元に届いているでしょうか。
念のため論文を再度添付します。
よろしくお願い申し上げます。

エディターの視点に配慮しているこのメールのほうがはるかによい。よいメールとは、

- 具体的な件名がついている
- エディターの名前が明記されている
- エディターが必要とするすべての情報を提供している。さらに、論文を添付し、最後に送ったメールを使って返信することにより、エディターの時間を無駄にしない

加えて、批判している雰囲気を出さないこと。エディターにはあなたに返信することよりももっと重要なことがあったのかもしれないことを、あなたは認識しているはずだ。結局、論文が発表されるということは、あなたの願いがエディターに受け入れられたということだ。エディターの願いをあなたが受け入れて論文を送っているわけではない（あなたがすでにノーベル賞受賞者でない限り）。

13.3 カバーレター（メール）が明快かつ正確であることを確認する

よいカバーレター（メール）を書くことは、論文が発表される可能性を高めるために欠かせない。カバーメールは、エディターがあなたの文章力を判断する最初の材料になるだろう。それが明快で正確であれば、エディターはあなたの原稿も同様に明快であり、データが正確であることを前提とすることができる。しかし、構成が悪く、英語の間違いが含まれている場合は、あなたの原稿に対するエディターの期待への足かせとなるだろう。よいカバーレターの例を紹介する。

Dear Professor Seinfeld

I would like to submit for publication in the *Journal of Future Education* the attached paper entitled *A Proposal for Radical Educational Reform* by Adrian Wallwork and Anna Southern.

Our aim was to test the efficiency of short vs long degree courses. Our study of 15,000 male and female graduates aged between 35 and 55 found that they would have performed far better in their careers from a financial point of view if they had undertaken a one-year course at university rather than the traditional three- to four-year course.

Our key finding is that people on shorter courses will earn up to 15% more during their lifetime. The implications of this are not only for the graduates themselves but also for governments as i) governments could save considerable amounts of money and ii) universities would be free to accept more students.

We believe that our findings will be of great interest to readers of your journal, particularly due to their counterintuitive nature and the fact they go against the general trend that claims that university courses should be increased in length.

This research has not been published before and is not being considered for publication elsewhere.

I look forward to hearing from you.

サインフェルド教授
*Journal of Future Education*に、エイドリアン・ウォールワークとアンナ・サザンによる*A Proposal for Radical Educational Reform*と題した添付の論文を投稿させていただきます。
私たちの目的は、短期と長期の学位コースを比較してその効率を調べることです。35歳から55歳までの男女15,000人の卒業生を対象にした調査では、従来の3~4年のコースではなく、大学で1年間のコースを受講したほうが、経済的な観点から、後のキャリアにおいてはるかによい結果を出していたことが分かりました。
私たちの重要な発見は、短いコースのほうが受講者の収入が生涯にわたって最大15%増えるということです。このことは、卒業生自身だけでなく政府にとっても意味があります。政府はかなりの支出を削減でき、大学にはより多くの学生を受け入れるための余地が生まれるでしょう。
この研究成果は、特にそのにわかには信じがたい内容と、大学の課程を長くするべきだという一般常識とは反する事実から、貴誌の読者に大変興味を持っていただけるものと確信しています。
本研究はこれまでに発表されておらず、他での発表も検討されていません。
お返事をお待ちしております。

よいカバーレターのポイントは次のとおりである（上記レターの構成と内容、および以下の推奨事項の多くは、*British Medical Journal*のウェブサイトに掲載されているアドバイスに基づく）。

- Dear Sir / Madamと書くのではなく、今のエディターの氏名を調べる。この手間をかけることで、そのジャーナルで論文を発表したい気持ちが真剣であることを伝えることができる
- エディターの名前をスペルミスしないように気をつける（例：SienfledとSeinfeld）。自分の名前のスペルが間違っていると、誰でも不快になる
- ジャーナル名のスペルが正しいこと、そもそも正しいジャーナルであることを確認する（以前使ったカバーレターの上書きに注意する。古い情報の削除を忘れてしまうことがある）
- 研究の目的と成果を簡潔にまとめる（前述の例では第2パラグラフ）
- 主要な研究結果とその意義をまとめる（第3パラグラフ）
- この研究による発見がジャーナルの読者の興味を引く理由と、それがジャーナルの最近の論文とどのように調和しているかを述べる（第4パラグラフ）
- エディターに、本原稿はそのジャーナルだけに送っていると伝えて安心させる（第5パラグラフ）

プロの校正者に論文を校正してもらう場合は、カバーレターのチェックも依頼すること。

*Nature*や*Scientific American*のような一般読者も対象にした専門誌に論文を投稿する場合は、あなたの論文に話題性があり、一般読者の関心を引くものであること、そして、単一分野のジャーナルやアーカイブジャーナルよりも学際的なジャーナルのほうがこの研究に適した出版形態であることを、エディターに納得させる必要が

ある。

専門的なジャーナルでもそうではない場合でも、ジャーナルのサイト内にある著者向けページには、論文だけでなくカバーレターについてのガイドラインも掲載されていることが多い。必ず目を通そう。

13.4 変更点がわずかなときは、カバーレター内で説明する

査読者が軽微な変更しか求めておらず、20行前後で説明できる量の変更点であれば、エディターへのカバーレターに直接、変更点を記載してもよい。

Dear Professor Seinfeld

Please find attached the revised manuscript (No. FE 245.998 Ver 2) by *names of authors*. Following the reviewers' comments, we have made the following changes: ...

There was only one change (suggested by Ref. 2) that was not made, which was to delete Figure 2. We decided to retain Figure 2 for the following two reasons: ...

I hope you will find the revised manuscript suitable for publication in *name of journal*.

Best regards

サインフェルド教授
修正後の原稿（FE 245.998番、2版、○○著）を添付しました。査読結果を拝読し、次のように変更しました。……
図2を削除する（査読者2ご提案）という1点だけは、変更しませんでした。以下の2つの理由から、図2を残すことにしました。……
△△誌での掲載にふさわしい修正原稿だとご判断くださることを期待しています。
よろしくお願い申し上げます。

査読者への返信が1ページを超える場合は、別の文書に分けるべきだ。そのような場合には次の文章が使えるだろう。

> Please find attached the revised manuscript (No. FE 245.998 Ver 2) by *names of authors*. Also attached are our responses to the reviewers, including all the changes that have been made.
> **(修正後の原稿［FE 245.998番、第2版、○○著］を添付しました。また、すべての変更点をまとめた査読者への返答も添付しています。)**

13.5 ネイティブによる校閲の有無を明記する

実際には英語にまったく問題がないにもかかわらず、英語力の低さが原因だとして、「要再検討」とリジェクトされてしまう論文は存在する（→**11.16、11.18節**）。これは、ノンネイティブの査読者の中には、自分では論文の英語レベルを判断できないために、英語を修正する必要があると言って自分の立場を守る義務を感じている人や、アブストラクトの間違いを見抜いて、アブストラクトに間違いがあるのなら他の部分にも間違いがあると決めつける人がいるからだろう。

このような査読結果を避けるために、次のような一文を書くことができる。

> The paper has been edited and proofread by Rupert Burgess, one of the co-authors of the paper who is a native English speaker.
> **(本稿は、共著者の一人であり、英語を母語とするルパート・バージェスが編集/校正しました。)**

> The paper has been edited and proofread by a professional native English speaking editing service.
> **(本稿は、英語を母語とするプロの校正サービスによって編集/校正されています。)**

校正サービスを利用した場合は、論文を校正したという証明書を入手しておく。その証明書をエディターに転送すればよい。対策を取ることで、論文掲載までのプロセスが早まるはずだ。

校正サービスを提供するRescript社の創業者で代表のアレクサンダー（サンデ

ィ）・ラングは、次のように述べている。

「ジャーナル投稿前に原稿の校正をプロの校正サービスに依頼することで、英文の質（文法と読みやすさの両方）が大幅に向上する。さらに、校正サービスの担当者に研究者としての経験があり、自分の分野に精通している場合は、軽微な技術的な誤りもこの段階で修正される可能性がある。結果的にジャーナルの査読者に対してよりよい印象を与えることができ、その結果、査読者からの批判や誤解を減らし、アクセプトの可能性を高めることができる。」

13.6 進捗状況を確認するメールは丁寧に

あなたの原稿は、あなたにとって非常に重要なものであり、当然のことながら面倒なことは最小限にして、できるだけ早く掲載してほしいと思うことだろう。

しかし、原稿を重要に思うあなたと同様の感情を、一度に50本や60本の原稿を扱っているかもしれないエディターに求めるわけにはいかない。

ただし、原稿を提出して3ヵ月間、エディターからの連絡がない場合は、必ず状況を確認しよう。次に紹介するメールは**悪い例**だ。

Dear Professor Carling,

On January 14 of this year I submitted a manuscript (ID 09-00236) entitled *name of paper* for possible publication in *name of journal* . On March 14 I was informed that the paper had been accepted with MINOR REVISIONS. On April 3, I resubmitted my manuscript (ID 09-00236.R1), revised according to the Editor's and Referees' comments.

So far, more than THREE months after submitting the revised manuscript, I haven't received any news about the final decision.

Given that:

- nowadays most journals have reduced their publication times
- the paper was accepted on the basis of only minor revisions
- I submitted the revised manuscript strictly following the suggestions of the Referees

it seems reasonable to wonder what the reasons are for this unexpected and unusual delay.

I look forward to hearing from you.

カーリング教授
○○誌への掲載を検討していただきたく、今年の1月14日に［論文名］と題した原稿（ID 09-00236）を提出いたしました。3月14日、軽微な修正を条件として受理いただけたとご連絡いただきました。4月3日、エディターと査読者のコメントに従って修正した原稿を再提出しました（ID 09-00236.R1）。
修正済みの論文を提出してから3ヵ月が過ぎましたが、最終的な決定についてのお知らせを受け取っていません。
次の点から、この予期せぬ異常な遅れの理由は何なのかと考えるのは妥当だと思います。
・最近では大部分のジャーナルが発行までの期間を短縮している
・修正は軽微であるとして本論文は受理されている
・査読者の提案に忠実に従って論文を修正し、提出した
お返事をお待ちしております。

率直に言って、上記のメール（名前とID番号を除けばすべて実際に送られたメール）は、「エディター様、あなたはとてつもなく無能だ。私の論文を3ヵ月も保留している。掲載するのか、しないのか」と書いているようなものだ。

あなたには、原稿の最終決定が遅れる理由がまったく分からないはずだ。エディターには次のような事情があったかもしれない。

- 新しいエディターに交代した
- 家族に深刻な問題が発生した
- PCにトラブルが発生し、あなたのメールや原稿が消えてしまった
- 3回も催促したにもかかわらず、査読者の1人から返事を得られていない

エディターが前掲のメールを受領すれば、次のような理由により不快に感じるだろう。

- エディターの立場に立って物事を見ようとしていない
- 大文字の使用は非常に失礼
- 箇条書きの使用やその内容に必要性はまったくない
- 不必要な詳細（一連の日付など）が多く含まれている
- 攻撃的で嫌みのある語調になっている

あなたの目的は、ジャーナル側の活動について否定的なコメントを表明することではなく、論文を発表してもらうことにあるはずだ。

また、外国語で書いた文章の微妙なニュアンスを正しく感じ取ることは難しい。自分のライティングにどのくらいの攻撃性があるか、どのような返信が期待されるかを判断しにくくなる傾向があることは、覚えておくべきだ。良好な人間関係の構築を損なわない、はるかによいアプローチを紹介する。

I wonder if you could help me with a problem.

On April 3 of this year, I resubmitted my manuscript (ID 09-00236.R1), revised according to the Editor's and Referees' comments.

I am just writing to check whether there is any news about the final decision. As you can see from the attached emails below, I have in fact raised this problem twice before.

Anything you could do to speed the process up would be very much appreciated.

Thank you very much in advance.

相談したいことがあり、連絡いたしました。
今年の4月3日に、エディターと査読者のコメントに従って修正した原稿を再提出しています（ID 09-00236.R1）。
最終決定についての情報を確認したく、メールをさせていただきました。このメールの後に続くメールをご覧頂きたいのですが、実は以前に2回、この問題についてご相談しています。
早急にご対応いただけると大変助かります。
よろしくお願い申し上げます。

もとのメールも修正後のメールも含まれている情報は同じだが、もとのメールにあった攻撃的な語調は修正後にはなく、エディターが怒りや罪悪感を覚えないように、親しみやすく、知的で、非攻撃的な書き方になっている。以前のやりとりを添えることで（As you can see from the attached emails below）、エディターはあなたの言っていることに根拠があると分かると同時に、あなたは完全に中立的な方法で伝えることができる。

すでに論文がアクセプトされているが、それ以降の連絡が何もない別のケースのメール例も示す。以下のメールは、著者が自分の論文が発表されていることを至急確認する必要があることを明示しているため、目的を果たしている。また、分かりやすく丁寧に書かれている。エディターの無能さを侮辱することがないようにsee your email belowとだけ書いて、エディターと著者の以前のやりとりを提示している。

Subject: Manuscript – #WTF-277

Dear Editor,

Our paper "Is the fact that the English language only has one form of the second person pronoun *you* indicative of more democratic society in Anglo countries?" written by Modou Diop and Haana Diagne, manuscript number WTF-277, was accepted for publication last April 04 (see your email below). However since then we have not received any further information about it.

As you will appreciate, we are concerned that there may be some problems in the publication process. The situation is rather urgent for us as we need the volume and page numbers of our paper in order to fill in official budget requests for our institutes.

We look forward to hearing from you.

件名：原稿 #WTF-277

エディター様

モードゥ・ディオプとハナ・ダイアグニの共著論文 “Is the fact that the English language only has one form of the second person pronoun *you* indicative of more democratic society in Anglo countries?”（原稿番号WTF-277）は、4月4日に受理されました（下記のメールをご覧ください）。しかし、それ以来、これ以上の情報を受け取っていません。

お察しいただけるかと思いますが、掲載のプロセスで何か問題があったのではないかと心配しております。実は、当研究所の公式予算要求に申し込むため、論文のボリュームとページ番号が必要となり、状況はかなり緊急を要しています。

お返事をお待ちしております。

第14章 ネイティブが教えるメール表現

14.1 ウォームアップ

自分用の用語集を作り、英語のネイティブスピーカーが書いたメールから汎用性の高い便利なフレーズをメモしておくのはよい方法だ。そこから自分のメールに貼りつけることができる。

本章では、アカデミアだけでなく、あらゆる分野のメールで一般的に受け入れられている頻出フレーズのリストを紹介する。受信者が頻繁に遭遇するフレーズともいえる。

このリストがすべてを網羅しているわけではない。自分の分野で頻繁に出てくる便利なフレーズは自分で追加しよう。非常にフォーマルなフレーズには星（★）をつけた。

句読点や記号は次のように使っている。最後に句読点がないフレーズは、句読点を使わないネイティブスピーカーが多いことを意味する。最初と最後の挨拶文でよくある形だ。しかし、コンマを使用しても構わない。一般的には句読点を使わないが、以下のように使ってもよい。

Dear Adrian
または、
Dear Adrian,

最初の挨拶の後にコロンを使う人もいる。

Dear Adrian:

最後にピリオド（.）があるフレーズは、この部分でフレーズが終了することを意味する。3つのドット（...）は、フレーズが続くことを意味する。コロン（:）は、リストやコメントが続くことを示す。

疑問符（?）は、これが疑問文であることを示す。ただし、以下のように単に丁寧に指示をしている場合、“Can you ...” や “Could you ...” で始まるフレーズは、質問と見なされない。

□ Could you send the file by the end of today. Thanks.
（今日中にファイルを送っていただけませんか。ありがとうございます。）

□ Can you let me know as soon as possible.
（なるべく早く教えてください。）

本当の疑問文では、以下の例のように返事を期待している。

□ Can you speak English?
（英語を話せますか。）

14.2 オープニングの挨拶

標準的なオープニング

□ Dear Alfred
（アルフレッドへ）

□ Dear Alfred Einstein
（アルフレッド・アインシュタインへ）

□ Dear Dr Einstein
（アインシュタイン博士）

□ Dear Professor Einstein
（アインシュタイン教授）

グループ/チーム宛て

□ Dear all
（皆さま）

□ Hi all
（皆さん）

□ Hi everybody
（皆さん）

☐ To all members of the xxx group

（XXXグループの皆さま）

よく知る相手に

☐ Hi!

（こんにちは）

☐ Hope you are keeping well.

（お元気ですか。）

☐ Hope all is well.

（皆さん、お元気ですか。）

名前や肩書きが分からない相手に

☐ Hi

（こんにちは）

☐ Hello

（こんにちは）

☐ Good morning

（おはようございます）

☐ To whom it may concern ★

（ご担当者様）〈名前を調べてもわからないとき〉

☐ Dear Sir / Madam ★

（ご担当者様）〈名前を調べてもわからないとき〉

14.3 エンディングの挨拶

標準的なエンディング

☐ Best regards

（よろしくお願い申し上げます。）

☐ Kind regards

（よろしくお願い申し上げます。）

☐ Best wishes

（よろしくお願い申し上げます。）

☐ Regards

（よろしくお願いします。）

インフォーマル

☐ All the best

（よろしくお願いします。）

☐ Have a nice weekend and I'll write when we're back.

（よい週末を。戻ったらメールします。）

☐ See you on Friday.

（金曜日に会いましょう。）

☐ Hope to hear from you soon.

（早いお返事を待っています。）

☐ Speak to you soon.

（近いうちに話しましょう。）

☐ Cheers

（じゃあまた。）

フォーマル

☐ With kind regards

（よろしくお願い申し上げます。）

☐ With best wishes

（よろしくお願い申し上げます。）

☐ Yours sincerely

（よろしくお願い申し上げます。）

☐ Yours faithfully

（よろしくお願い申し上げます。）

14.4 エンディングの前の挨拶

インフォーマルにエンディングが近いことを示す

☐ Must go now because …

（〜のため、そろそろこの辺で失礼します。）

☐ I've got to go now.

（それではまた。）

☐ That's all for now.

（それではこの辺で。）

他の人によろしくと伝える

☐ Say hello to …

（〜によろしくお伝えください。）

☐ Please send my regards to …

（〜によろしくお伝えください。）

☐ Please convey my best wishes to … ★

（〜になにとぞよろしくお伝えください。）

健康を祈る

☐ Best wishes for the holidays and the new year from all of us here at …
（こちら〜から年末年始のご多幸をお祈りしております。）

☐ Have a great Thanksgiving!
（よい感謝祭を。）

☐ Have a nice weekend.
（よい週末を。）

☐ Happy Easter to everyone.
（皆さま、よいイースターを。）

☐ May I wish you a … ★
（〜をお祈り申し上げます。）

☐ I would like to take this opportunity to wish you a peaceful and prosperous New Year. ★
（この機会に平和で栄えある新年をお祈り申し上げます。）

14.5 メッセージの用件を伝える

知っている相手の場合

☐ Just a quick update on …
（〜について簡単に情報をお知らせします。）

☐ Just to let you know that …
（〜について簡単にお知らせします。）

☐ This is just a quick message to …
（〜のための簡単なお知らせです。）

☐ This email is to inform you that …
（〜をお知らせするメールです。）

☐ For your information here is …
（ご参考までにこちらは〜）

☐ This is to let you know that …
（〜についてお知らせします。）

☐ Just a quick message to ask you whether …
（〜について少しお伺いします。）

☐ I was just wondering whether …
（〜かどうか確認させていただこうと思いました。）

初対面の相手の場合

☐ I found your name in the references of X's paper on …
（〜に関するX氏の論文の参考文献にお名前を見つけました。）

☐ I am writing to you because …
（ご連絡差し上げたのは〜）

☐ Your address was given to me by …
(アドレスを～から教えてもらいました。)

☐ Your name was given to me by …
(お名前を～から教えてもらいました。)

過去のメール/電話/会話に言及する

☐ In relation to / With reference to / Regarding …
(～について)

☐ Further to our conversation of yesterday, …
(昨日お話しした件に関して～)

☐ Further to our recent meeting, …
(先日お会いしたときの続きですが～)

☐ As requested I am sending you …
(ご依頼のとおり、～をお送りします。)

過去のカンファレンスでの出会いに言及する

☐ You may remember we met last year …
(昨年、～でお会いしたことを覚えていらっしゃると思います。)

☐ You may recall that we met at the conference in Beijing …
(北京での～のカンファレンスでお目にかかったことを覚えていらっしゃると思います。)

電話の後に確認の連絡をする

☐ Thanks for ringing me yesterday.
(昨日はお電話をありがとうございました。)

☐ It was good to speak to you this morning.
(今朝、お話しできてよかったです。)

☐ As I said / mentioned on the phone …
(電話でお話し/言及したように～)

☐ I just wanted to check that I've got the details correctly.
(詳細を正しく理解しているかどうか確認させてください。)

☐ With reference to our phone call of … ★
(～の電話に関してですが～)

☐ Re our phone call this morning …
(今朝の電話についてですが～)

☐ Further to our telephone conversation, here are the details of what we require.
(電話でお話しした件ですが、依頼の詳細についてお知らせします。)

☐ Many thanks for your earlier call. As discussed, details as below:
(お電話くださり誠にありがとうございます。お話ししたとおりですが、以下は詳細です。)

14.6 強調/追加/要約する

重要点を強調し、注意を引きつける

☐ What I really want to stress here is …
（ここでぜひ強調させていただきたいのは～）

☐ The important thing is …
（重要なことは～）

☐ The key factor is …
（重要な要素は～）

☐ Can I draw your attention to …
（～に注目していただけますか。）

☐ What I need to know is …
（知りたいことは～）

☐ It is crucial for me to …
（～することは私にとって極めて重大です。）

☐ I cannot stress how important this is.
（この重要性はいくら強調してもしすぎることはありません。）

話題が変わることを示す

☐ One more thing …
（さらにもう一点～）

☐ While I remember …
（忘れないうちに～）

☐ Before I forget …
（忘れないうちに～）

☐ By the way …
（ところで～）

☐ Also …
（また～）

要約し、締めくくる

☐ So, just to summarize …
（つまり、簡単にまとめると～）

☐ So basically I am asking you two things. First, … And second …
（つまり、お願いしているのは2点です。第一に、～。そして第二に～）

☐ If you could answer all three of my questions I would be most grateful.
（3点の質問すべてにご回答いただければ幸いです。）

14.7 お願いする/手伝いを引き受ける

お願いする

□ I found your email address on the web, and am writing to you in the hope that you may be able to help me.
（ウェブサイトでメールアドレスを見つけ、お力添えいただけないかと思い、ご連絡しました。）

□ Please could you …
（～していただけますか。）

□ I was wondering if by any chance you …
（ひょっとして～かもしれないと思いました。）

□ I wonder if you might be able to help me.
（もしかしたらご支援いただけないかと思っています。）

□ I would be extremely grateful if you could …
（～していただけると非常にありがたく思います。）

□ Would you have any suggestions on how to …
（～の方法について何かご提案をいただけませんでしょうか。）

□ It would be very helpful for me if I could pick your brains on …
（～についてお知恵をお借りすることができれば非常に助かるのですが。）

□ I would like to ask your advice about …
（～についてアドバイスをいただきたく存じます。）

時間を割いてもらうことを気遣う

□ I realize you must be very busy at the moment but if you could spare a moment I would be most grateful.
（現在、非常にお忙しいことは存じておりますが、少しでもお時間を割いていただけますと大変助かります。）

□ If it wouldn't take up too much of your time then I would be very grateful if you could …
（それほどお手数でなければ、～していただけると非常にありがたく存じます。）

□ Clearly, I don't want to take up too much of your time but if you could …
（お時間をいただくことは本当に心苦しいのですが、～していただけますと～）

□ Obviously, I don't expect you to … but any help you could give me would be much appreciated.
（もちろん、～を期待しているわけではありませんが、どのようなかたちでもご支援いただけると非常に助かります。）

依頼を引き受ける

□ No problem. I'll get back to you as soon as …
（問題ありません。～次第、お返事します。）

☐ I'd be happy to help out with …
（喜んで〜でお役に立ちたいと思います。）

☐ I'd be happy to help.
（喜んでお役に立ちたいと思います。）

依頼を断る

☐ I'm sorry but …
（申し訳ございませんが〜）

☐ I'd like to help but …
（お手伝いしたいのですが〜）

☐ Unfortunately …
（残念ながら〜）

☐ At the moment I'm afraid it's just not possible.
（現時点では、申し訳ございませんができないのです。）

14.8 招待のやりとり

招待する

☐ In accordance with our previous conversations, I am very glad to invite you to … ★
（以前お話しいたしましたが、〜にご参加賜りたくご案内申し上げげます。）

☐ I sincerely hope that you will be able to accept this invitation, and look forward to hosting you in *name of town*. ★
（貴殿のご参加を待ち望み、［地名］にお迎えする日を待ちわびております。）

☐ I was wondering whether you might be interested in joining the Scientific Advisory Board of … ★
（〜の科学諮問（しもん）委員会の参加にご興味をお持ちかもしれないと思いました。）

☐ I am writing to you to find out whether you would be willing to …
（〜のご希望があるかどうかお伺いするためにご連絡しました。）

招待を受ける

☐ Thank you very much for your kind invitation to … ★
（〜にご招待賜り、誠にありがとうございます。）

☐ I would be delighted to be a member of … ★
（〜の一員となることができ、光栄でございます。）

☐ It is very kind of you to invite me to …
（〜にご招待くださり、嬉しく思います。）

辞退する

☐ Many thanks for your kind invitation, but unfortunately …
（ご招待は非常にありがたいのですが、申し訳ございません～）

☐ I am really sorry but I am going to have to turn down your invitation to …
（非常に残念ですが～のご招待を辞退しなければなりません。）

☐ Thank you very much for your kind invitation. However, I am afraid that …
（ご招待くださりありがとうございます。しかし、あいにく～）

☐ Thanks very much for inviting me to … I am really sorry but I am afraid I cannot accept.
（～へのご招待、誠にありがとうございます。非常に残念なのですが、お受けすることができません。）

☐ I regret that I cannot accept your invitation at the present time because … ★
（～のため、現時点でご招待に応じることができないのは残念です。）

☐ I'm sorry to inform you that I do not have sufficient expertise in *topic* to be able to review the paper. ★
（申し訳ございませんが、［トピック内容］について十分な専門知識がないため、当論文の査読はできないことをお伝えしなければなりません。）

☐ So it is with great regret that I am afraid that I will have to decline your invitation. ★
（そのため、お誘いをお断りしなければならないことを心底残念に思います。）

承諾を取り下げる

☐ I am sorry to have to inform you that I am no longer able to …
（申し訳ございませんが、～できなくなったことをお知らせしなければなりません。）

☐ Due to family problems I am sorry to have to inform you that …
（家庭の事情のため、申し訳ございませんが～とお伝えしなければなりません。）

☐ I am sorry to give you such short notice and I sincerely hope that this won't cause you too much trouble.
（直前の連絡となり申し訳なく思います。大きな迷惑をかけていなければよいのですが。）

14.9 問い合わせる

一般的な問い合わせ

☐ Hi, I have a couple of simple requests:
（こんにちは。いくつか簡単なお願いがあります。）

☐ Could you please tell me …
（～を教えていただけますか。）

☐ I would like to know …
（～を教えていただけますか。）

☐ Could you possibly send me …

（～を送っていただけますか。）

☐ I have some questions about …

（～について質問があります。）

論文の送付依頼

☐ I would like to receive a copy of your PhD Thesis “Metalanguage in Swahili.”

（あなたの博士論文「スワヒリ語のメタ言語」を送っていただけませんか。）

☐ Last week I attended the workshop on X. I was interested in your presentation on “Y.” Have you by any chance written a paper on that topic? If so, I would very much appreciate it if you could email me a copy.

（先週、Xのワークショップに参加し、あなたのYに関する発表に興味を持ちました。
このトピックに関する論文をすでに書いていらっしゃいますか。
もしございましたらメールで送っていただけると大変ありがたく存じます。）

☐ I am a PhD student currently doing a review on the link between right-wing politics and the perception of social justice and I am interested in your article “Social Justice: Are you kidding? I would much appreciate it if you could send me the article if possible.”

（私は博士課程の学生で、右翼と社会的正義との関係を考察しているのですが、
あなたの論文「社会的正義：冗談でしょう」に興味を持っています。
できましたら、論文を送っていただけると大変ありがたく存じます。）

製品、材料、薬品などを注文する

☐ What do I need to do to order a …?

（～を注文するにはどうすればよろしいですか。）

☐ I would like to know if I can order an xxx directly from you …

（xxxを直接あなたに注文できるかお知らせいただけますか。～）

☐ I am looking for an xx. Do you have one in stock?

（私はxxを探しています。在庫はございますか。）

問い合わせの締めくくり

☐ Any information you could give me would be greatly appreciated.

（何か情報をいただけましたら大変ありがたく存じます。）

☐ Thanks in advance.

（それではよろしくお願いします。）

☐ I look forward to receiving …

（～を受け取ることを楽しみにしております。）

問い合わせ後の連絡

☐ Thank you for …

（～をありがとうございます。）

☐ Would it be possible for you to send me a bit more information on …
(～についてもう少し情報を送っていただくことは可能でしょうか。)

☐ Could you please describe what is included in the …
(～には何が含まれているのかご説明いただけますか。)

14.10 問い合わせに回答する

感謝する

☐ Thank you for contacting me …
(～についてご連絡くださりありがとうございます。)

☐ I am pleased to hear that you found my paper / presentation / report / seminar useful …
(私の論文/プレゼンテーション/報告/セミナーがお役に立てたと知り、嬉しく思います。)

言及する

☐ Regarding your queries about …
(～に関するお問い合わせについてですが～)

☐ In response to your questions:
(ご質問に対する返答：)

☐ Here is the information you requested:
(ご依頼の情報を送ります。)

☐ As requested, I am sending you …
(ご依頼のとおり、～をお送りします。)

☐ Below you will find the answers to your questions …
(ご質問に対する回答は以下のとおりです～)

☐ With reference to your request for …
(～のご依頼に関してですが～)

☐ Following our telephone conversation about …
(電話でお話しした～についてですが～)

詳細を確かめる

☐ Before I can answer your questions, I need further details re the following:
(回答する前に、以下について詳しく教えていただけませんか。)

☐ Before I can do anything, I need …
(対応させて頂く前に、～が必要です。)

☐ Could you tell me exactly why you need x.
(xが必要な理由を具体的に教えていただけますか。)

詳細を加える

☐ Please note that …

（なお、～）

☐ I would like to point out that …

（～ということを指摘させて頂きたいと思います。）

☐ As far as I know …

（私の知る限り～）

☐ I'd also like to take this opportunity to bring to your attention …

（さらに、この機会に～に注目していただきたいと思います。）

☐ May I take this opportunity to …

（この機会に～させていただけますか。）

詳細に関する質問を受け付けると伝える

☐ Please feel free to email, fax, or call if you have any questions.

（何かご質問などございましたら、メール、ファックス、電話で遠慮なくご連絡ください。）

☐ Any questions, please ask.

（質問がありましたら、ご連絡ください。）

☐ Hope this is OK. Please contact Helen if you need any further details.

（これで大丈夫だとよいのですが。
さらに詳細な情報が必要な場合は、ヘレンに連絡してください。）

☐ If you need any further details do not hesitate to contact me.

（さらに詳細な情報が必要な場合は、遠慮なく私にご連絡ください。）

☐ Should you have any questions please let us know.

（何かご質問などございましたら、お知らせください。）

☐ Please do not hesitate to contact us should you need any further clarifications.

（詳しい説明が必要な場合は、遠慮なく当方にご連絡ください。）

結び

☐ Please let me know if this helps.

（これが役に立つかどうかお知らせください。）

☐ I hope to be able to give you a definite answer soon.

（はっきりとした回答は近いうちに差し上げられると思います。）

☐ Once again, thank you for contacting me.

（ご連絡くださり改めて感謝いたします。）

14.11 次のステップについて話す

次にしてほしいことを伝える

- ☐ Could you please go through the manuscript and make any revisions you think necessary.
  (原稿に目を通していただき、必要と思われる箇所を修正していただけますか。)
- ☐ Please have a look at the enclosed report and let me know what you think.
  (同封した報告書をご一読のうえ、ご意見をいただけますか。)
- ☐ If you could organize the meeting for next Tuesday, I'll send everyone the details.
  (次の火曜日に会議を設定していただけましたら、全員に詳細を送ります。)

次の予定を伝える

- ☐ Thanks for your mail. It will take me a while to find all the answers you need but I should be able to get back to you early next week.
  (メールをお送りくださりありがとうございます。すべてに回答するためには少しお時間をいただきますが、来週前半にはお返事できると思います。)
- ☐ Re your request. I'll look into it and send you a reply by the end of the week.
  (ご依頼については、調べて今週末までにお返事します。)
- ☐ I will contact you when I return.
  (戻りましたらご連絡します。)
- ☐ Sorry, but I'm actually going on holiday tomorrow, so I'm afraid I won't be able to get back to you for a couple of weeks.
  (申し訳ございませんが、実は明日から休暇となっており、2週間はお返事することができません。)

相手の希望を聞く

- ☐ Do you want me to ...?
  (〜しましょうか。)
- ☐ Would you like me to ...?
  (〜をご希望ですか。)
- ☐ Shall I ...?
  (〜しましょうか。)
- ☐ Do we need to ...?
  (〜する必要はありますか。)
- ☐ Let me know whether ...
  (〜かどうかお知らせください。)

14.12 締め切りを伝える/締め切りに応える

返答期限を伝える

☐ I look forward to hearing from you in the near future / soon / before the end of the week.

（近いうちに/早めに/週末までに お返事いただけますか。）

☐ Please could you get back to me by the end of today / this morning / as soon as possible.

（今日中に/午前中に/できるだけ早く お返事いただけますようお願いします。）

☐ I hope you can reply this morning so I can then get things moving before leaving tonight.

（今夜、出発する前に対応させていただきたいので、午前中にお返事いただけますと助かります。）

☐ We would appreciate an early reply.

（早めにお返事いただけますと助かります。）

☐ Please let me have your feedback by Friday so I can send you a draft schedule next week.

（来週にはスケジュールのドラフトをお送りしたいので、金曜日までにフィードバックを送っていただけますか。）

☐ I know it is a very sharp deadline. So if you don't have time to answer my question, please don't worry about it.

（非常に厳しい締め切りであることは承知しています。回答のお時間を取れない場合は、お気になさらないでください。）

☐ Looking forward to your reply.

（お返事をお待ちしております。）

返信予定を伝える

☐ I should be able to send you the document tomorrow / within the next two days / first thing Thursday morning.

（明日/あさってまでに/木曜日の朝一番に文章をお送りできると思います。）

☐ I'll get back to you before the end of the day.

（今日中にお返事します。）

☐ I'm sorry but I won't be able to give you any response until …

（申し訳ございませんが、～まで返信することができません。）

自分の予定を伝える

☐ I will send you all the details re … in due course.

（期限までに～に関する詳細をすべてお送りします。）

☐ With regard to your email dated …, I will talk to my colleagues and get back to you ASAP.

（…月…日付けのメールについてですが、至急、仲間と話し合いの後、お返事します。）

実施内容を伝える

☐ Given the new data that we now have available, we have …

（入手することができた新データに基づき、私たちは～）

☐ I have made the following changes: …

（このように変更しました。～）

実施内容に問題がないか確認を求める

☐ I hope that is OK—if not please raise with Mike.

（これで大丈夫だと思いますが、問題があればマイクに連絡してください。）

☐ Is that OK?

（これで大丈夫でしょうか。）

進捗の報告を求める

☐ Please keep me informed of any developments.

（何か進展があれば、お知らせください。）

☐ Please keep me up to date.

（新しい情報が入ったらご連絡ください。）

☐ Please let us know the outcome.

（結果をお知らせください。）

14.13 催促する

メールの受領を確認する

☐ Did you get my last message sent on … ?

（～にメッセージを送りましたが、受け取りになられましたか。）

☐ I was wondering whether you had received my email (see below).

（私のメール［下記参照］はお手元に届いているでしょうか。）

☐ May we remind you that we are still awaiting your reply to our message dated … ★

（…月…日付けのメッセージに対するお返事を引き続きお待ち申し上げております。）

☐ We would be grateful if you could reply as soon as possible.

（できるだけ早くお返事いただけますと幸いです。）

☐ Sorry, but given that I have not heard from you I am worried that I did not explain the situation clearly.

（申し訳ございませんが、ご連絡をいただいておりませんので、こちらからの説明が不明瞭だったのではないかと心配しております。）

共感する

☐ Hope this doesn't cause you any problems / too much trouble.

（問題が起きなければよいのですが/ご負担が大きすぎなければよいのですが。）

☐ Sorry if this adds to your workload.

（作業を増やすことになるのでしたら申し訳ございません。）

☐ I know you must be very busy but …

（ご多忙とは存じておりますが、～）

依頼に応じられる時期を伝える

☐ I am afraid I won't be able to start work on it until next week.

（あいにく来週になるまで作業を開始できそうにありません。）

☐ I honestly don't know when I'll be able to find the time to do it.

（正直に申し上げまして、実施する時間をいつつくれるか分かりません。）

まだ依頼に応じていないことの言い訳

☐ I am sorry, but as I am sure you are aware, I have been extremely busy doing X, so I haven't had time to do Y.

（申し訳ございませんが、お気づきのとおりXの実施で多忙を極めており、Yをする時間がございませんでした。）

☐ I am really sorry but I have been extremely busy.

（大変申し訳ございませんが、多忙を極めておりました。）

☐ It's been a really hectic week.

（大忙しの１週間でした。）

☐ I've been snowed under with work.

（毎日仕事に追われて大変でした。）

14.14 会議や遠隔会議を調整する

日時を提案する

☐ Let's arrange a call so that we can discuss it further.

（さらに話し合いができるように電話会議を設定しましょう。）

☐ Can we arrange a conference call for 15.00 on Monday 21 October?

（10月21日月曜日15時からの電話会議を設定できますか。）

□ Would it be possible for us to meet next Tuesday morning?
（次の火曜日の朝にお会いできますか。）

□ How about Wednesday straight after lunch?
（水曜日のランチ直後はいかがですか。）

□ The best days for me would be sometime between October 1 and 10, with a slight preference for early in the week of the 6th. Please let me know if that would be possible.
（10月1日から10日の間なら都合がつけられますし、できれば6日の週の早めですとありがたいです。可能かどうかお知らせください。）

スケジュールが合わないことを知らせる

□ Would love to meet—but not this week! I can manage Nov 16 or 17, if either of those would suit you.
（ぜひお会いしたいのですが、今週以外でお願いします。ご都合がよろしければ、11月16日か17日ですと調整できます。）

□ I am afraid I won't be available either today or tomorrow. Would Thursday 11 March suit you? Either the morning or the afternoon would be fine for me. I'd be grateful if you could let me know as soon as possible so I can make the necessary arrangements.
（あいにく今日も明日も都合がつきません。3月11日木曜日のご都合はいかがですか。午前でも午後でも私は大丈夫です。必要な調整をさせていただきますので、できるだけ早くご連絡いただけましたら幸いです。）

□ Sorry but I can't make it that day.
（申し訳ございませんが、その日は都合がつきません。）

□ Sorry but I'll be on holiday then.
（申し訳ございませんが、休暇の時期と重なります。）

□ I'm afraid I have another engagement on 22 April.
（残念ながら、4月22日は別の予定が入っております。）

□ Thank you for your invitation to attend your technical meeting. However, I am unlikely to be able to attend as I have a lot of engagements that day.
（技術会議の参加にご招待くださりありがとうございます。しかしながら、その日はすでに多くの予定が入っているため出席できそうにありません。）

断る

□ Unfortunately, due to limited resources I am unable to accept your invitation to come to the meeting.
（残念ながら、リソースが限られているため、会議参加のご招待をお受けすることができません。）

□ I regret that I will not be able to attend the meeting.
（残念ですが、会議に参加できません。）

日時を変更する

☐ Sorry, can't make the meeting at 13.00. Can we change it to 14.00? Let me know.
（申し訳ありませんが、13時の会議には都合がつきません。
14時に変更は可能ですか。ご連絡ください。）

☐ Re our meeting next week. I am afraid something has come up and I need to change the time. Would it be possible on Tuesday 13 at 15.00?
（来週の会議について：あいにく予定が入り、日程を変更しなければならなくなりました。
13日火曜日15時にしていただくことは可能ですか。）

☐ We were due to meet next Tuesday afternoon. Is there any chance I could move it until later in the week? Weds or Thurs perhaps?
（次の火曜日の午後にお会いする予定でしたね。同じ週内でもう少し後ろにずらすことは
可能でしょうか。例えば水曜日か木曜日はいかがですか。）

日程を確認する

☐ The meeting is confirmed for Friday at 10:30 am Pacific time, 12:30 pm Central time. Please send any items you want to discuss, and I will send an agenda earlier in the morning.
（会議日程の確認ですが、金曜日の太平洋標準時で午前10時30分、中部標準時で
午後12時30分からです。議題を私までご送信くださいましたら、
当日の早朝にアジェンダをお送りします。）

日程の確認に返信する

☐ I look forward to seeing you on 30 November.
（11月30日にお目にかかることを楽しみにしています。）

☐ OK, Wednesday, March 10 at 11.00. I look forward to seeing you then.
（では3月10日水曜日11時に。そのときにお目にかかることを楽しみにしています。）

☐ OK, I will let the others know.
（では、他の方々に知らせておきます。）

キャンセルする

☐ I am extremely sorry, but I am afraid I will not be able to participate in the teleconference that was arranged for next week.
（大変申し訳ございませんが、あいにく来週に予定していた
遠隔会議に参加できなくなりました。）

☐ I am sorry to leave this so late, but it looks like I won't be able to make the conference call tomorrow.
（連絡が遅くなって申し訳ございませんが、明日の電話会議に出席できそうにありません。）

☐ Due to family problems I will not be able to …
（家庭の事情で〜できません。）

14.15 インフォーマルな校正のために文書を送る

背景情報を説明する

☐ I am currently working on a paper that I would like to submit to …
（現在、～に提出するつもりの論文を作成しています。）

☐ The paper is the extension of the work that I …
（この論文は、私の～の研究を発展させたものです。）

☐ The draft is still at quite an early stage.
（この草稿はまだごく初期段階です。）

特定の相手に文書を送る理由を説明する

☐ Given your expertise, it would be great if you could take a look at …
（ご専門でいらっしゃると思いますので、～を見ていただけましたら大変ありがたいです。）

☐ I would really appreciate your input on this because …
（～ですので、これに対するご意見をいただけましたら大変ありがたいです。）

☐ I know that you have done a lot of research on this …
（この～の研究を多く手がけられてきたと承知しています。）

援助をお願いする

☐ When you have a moment do you think you could … ?
（お時間のあるときに、～していただけませんか。）

☐ Could you possibly …
（～していただけませんか。）

☐ If you get a chance could you …
（可能なら～していただけませんか。）

☐ Do you think you might be able to help me with …?
（～のご支援をいただくことは可能でしょうか。）

☐ I'd be grateful if you could help us with …
（～のご支援をいただけるとありがたいです。）

☐ Could you please check these comments and let us know if you still have any issues with …
（コメントをチェックして、～にまだ何か問題があるかどうかご連絡くださいませんか。）

☐ I hear you may be able to help out with writing the paper.
（論文執筆にご協力いただけるかもしれないと聞いております。）

☐ Please have a look at the enclosed report and let me know what you think.
（同封した報告書をご一読のうえ、ご意見をいただけますか。）

具体的に指示する

□ It would be great if you could read all of Sections 3 and 4. However, if you are short of time, please just read the last two subsections of Section 4.
（3節と4節の全体を読んでいただけるとありがたいです。しかし、お時間がないようでしたら4節の最後のサブセクション2つだけをご一読ください。）

□ Please let me know if you see any need for additions or deletions.
（追加や削除が必要かどうかをお知らせください。）

□ Don't worry about any typos at the moment or minor inconsistencies in the notation.
（現時点での誤字/脱字や表記の軽微な不統一については無視してください。）

□ If you have any comments on x they would be gratefully received.
（xについて何かコメントがございましたら、ありがたく頂戴いたします。）

□ Just think about general aspects, such as whether I have missed anything vital out, or my reasoning doesn't seem to be very logical.
（何か重要な点を抜かしている、議論の進め方があまり論理的でないなど、全般的な面についてのみご評価ください。）

□ I'm attaching the draft in two versions: a pdf of the complete manuscript, including the graphs, and a Word file of just the text—this is so that you can write any comments directly on the file using Track Changes.
（2種類のファイルを添付しました。1つはグラフを含む完全なPDF原稿です。もう1つは文字のみのWordファイルですので、変更履歴機能を使用してファイルに直接、コメントを書き込んでいただくことができます。）

締め切りを伝える

□ I know this is a lot to ask, but as I am already behind schedule do you think you could give me your feedback by the end of next week?
（私がすでにスケジュールから遅れているので、無理なお願いだとは存じておりますが、来週末までにフィードバックを返していただくことは可能でしょうか。）

□ I know you must be very busy but …
（非常にご多忙とは存じ上げておりますが、～）

□ Once you have reviewed the document, please forward it to …
（文書のチェックが終わりましたら、～に転送してください。）

文書を再送する

□ Sorry, but I inadvertently sent you the wrong document.
（申し訳ございませんが、うっかり間違った文書を送ってしまいました。）

□ I have made a few changes to the manuscript. If you haven't already started work on it, please could you use this version instead. If you have already started, then please ignore the new version.
（原稿を数ヵ所修正しました。もし、作業をまだ開始していらっしゃらなければ、今回の版を使っていただけますか。すでに開始していらっしゃるのでしたら、この新しい版のことは無視してください。）

14.16 インフォーマルな校正用の文書を受領し、コメントする

校正依頼を受ける

☐ I would be pleased to read / revise your document for you.
（文書を喜んで拝読/校正させていただきます。）

☐ I am happy to give you my input on the first draft.
（初回の草稿に喜んでコメントさせていただきます。）

☐ I'd be happy to help out with editing some sections of the paper.
（論文のセクションの修正、喜んでお手伝いいたします。）

☐ Thank you for sending the manuscript. I just had a quick glance at it, and it looks very promising.
（原稿を送ってくださりありがとうございます。
さっと見ただけですが、非常によさそうですね。）

校正依頼を断る

☐ I am sorry but I am extremely busy at the moment.
（申し訳ございませんが、現在、大変忙しくしております。）

☐ I am afraid I simply don't have the time to …
（あいにく～する時間をどうにも取れません。）

一度受けた依頼を断る

☐ I am writing to tell you that unfortunately I no longer have the time to … This is because …
（残念ながら～する時間を割けなくなってしまいました。それというのも～）

☐ Once again my sincere apologies for this.
（改めて、この件につきまして誠に申し訳ございません。）

☐ I am extremely sorry about this and I do hope it does not put you in any difficulty.
（この件、大変申し訳ございません。ご迷惑がかからないことを祈っております。）

作業開始/完了時期を伝える

☐ In the next couple of days I will go through it and send you my comments.
（数日で最後まで拝読し、コメントを送ります。）

☐ I am very busy in the next few days, so I won't be able to start till Monday if that's alright with you?
（数日間は多忙のため月曜日になるまで始められないのですが、それでも構いませんか。）

☐ I should be able to finish it by the middle of next week.
（来週半ばには終わる予定です。）

☐ I will send you Section 3 tomorrow night, and the other sections over the weekend.
（セクション3を明日の夜に送り、その他のセクションを週末に送ります。）

前向きなコメントを書く

☐ First of all I think you have done a great job.
（まず、素晴らしい研究をされたと思います。）

☐ I have now had a chance to look at your manuscript, it looks very good.
（ようやく原稿を拝読することができました。とてもよいと思います。）

☐ I was really impressed with …
（～には大いに感心しました。）

☐ The only comments I have to make are:
（お伝えしなければならないコメントは次の点だけです。）

修正を提案する

☐ While I like the idea of … I am not convinced that …
（～の考えには賛成しますが、～には納得できませんでした。）

☐ I'm not sure whether …
（～かどうかよく分かりません。）

☐ It might not be a bad idea to …
（～するのは悪い考えではないかもしれません。）

☐ Have you thought about …?
（～については検討されましたか。）

☐ It seems that …
（～なようです。）

説明を求める

☐ I have a few questions to ask.
（いくつか質問があります。）

☐ Could you just clarify a couple of aspects for me:
（いくつか説明していただけますか。）

修正版を添付して返信する

☐ I have read the manuscript carefully and made several changes and corrections.
（原稿をじっくり読ませて頂き、いくつか修正や訂正をしました。）

☐ I hope I have not changed the sense of what you wanted to say.
（趣旨まで変えていなければよいのですが。）

☐ Attached are my comments.
（コメントを添付しました。）

☐ I think the paper still needs some work before sending to the journal.
（ジャーナルに提出するまでにまだもう少し手を入れたほうがよいと思います。）

☐ Please keep me up to date on the progress of this manuscript.
（原稿の進捗状況を時々知らせてください。）

☐ Let me know if you need any more help.
（手伝いが必要かどうか知らせてください。）

☐ Please give me a call if I can be of any help.
（私に手伝えるようなことがあればお電話ください。）

☐ Don't hesitate to contact me if you need any more help.
（さらに手伝いが必要であれば、遠慮なく連絡してください。）

☐ I hope this helps.
（お役に立てば幸いです。）

コメントに返信する

☐ Bogdan, you did a great job, thanks so much!
（ボグダンさん、素晴らしい仕事です。ありがとうございます。）

☐ Thank you for your comments—they were really useful.
（コメントをありがとうございます。大いに役立ちます。）

☐ I completely understand what you mean when you say … Thanks for bringing it up.
（～とおっしゃる意味がよくわかります。お知らせくださりありがとうございます。）

☐ Many thanks for this. All points noted.
（本当にありがとうございます。すべての点について承知しました。）

☐ Yes, I see what you mean.
（はい、おっしゃる意味は分かります。）

☐ Thanks, your comments were really helpful.
（ありがとうございます。コメントは大変役に立ちます。）

14.17 査読報告書

論文を要約する

☐ The paper deals with …
（本稿は～について論じています。）

☐ The paper gives a good description of …
（本稿は～について詳しく論じています。）

☐ This manuscript reports some results on the use of …
（本稿は～の使用結果を報告しています。）

☐ The aim is to assess the quality of …
（目的は～の品質を評価することです。）

☐ This paper has many positive aspects …
（本稿には～ポジティブな面が多くあります。）

全般的な批判

☐ This paper aims to report the analysis of … yet the author writes …
（本稿は～の分析報告を目的としていますが、著者が論じているのは～）

- ☐ The author needs to clarify the following points …

（著者は以下の点を明確にする必要があります～）

- ☐ Despite the title of the paper, I believe that the paper does not deal with X at all. Specifically …

（論文タイトルに反して、本稿はXをまったく取り上げていないと思います。具体的には～）

- ☐ The analysis in Section 2 only covers … Even though these are important parameters, they do not …

（セクション2の分析は～しか扱っていません。重要なパラメータではありますが、～ではありません。）

- ☐ Although the description of X and the samples collected seems to be detailed, accurate, and well documented, the analytical work and the discussion on Y are in need of major revision.

（Xと標本の説明は詳しく、正確であり、しっかり記録していると思いますが、Yの分析報告と考察は大きく修正すべきです。）

- ☐ The manuscript does not present any improvement on the analytical procedure already described in the literature; moreover the authors fail to …

（すでに文献で明らかになっている解析手順からの改善が、本稿には示されていませんし、それどころか著者は～していません。）

- ☐ The discussion should be reviewed since it is mainly based on results published in …

（主に～で発表されている結果を基礎としているため、考察は再検討すべきです。）

特定の箇所に対してコメントする

- ☐ Abstract: What is the real advantage of the proposed procedure with respect to …?

（アブストラクト：～に関して提案した手順の真の利点は何でしょうか。）

- ☐ page 3 line 12: The word *definite* is misspelled.

（3ページ12行目：definiteのスペルが間違っています。）

- ☐ page 4: Perhaps Figure 2 could be deleted.

（4ページ：図2は削除できるのではないでしょうか。）

- ☐ The following information is missing in Section 2:

（以下の情報がセクション2で抜けています。）

- ☐ There seems to be a missing reference in the bibliography.

（文献目録に抜けている参考文献があるようです。）

リジェクトを勧める

- ☐ For the above reasons, I believe that the paper is not innovative enough to be published in …

（以上の理由から、本稿は～で発表されるだけの革新性がないと思います。）

☐ The paper is not suitable for publication in its present form, since it does not fit the minimum requirements of originality and significance in the field covered by the Journal.

(本誌が対象とする分野で、最低限要求されている独創性と重要性のレベルを満たさないため、現在のかたちでの本稿は発表に値しません。)

14.18 著者から査読者・エディターへの返信

締め切りの延長を求める

☐ I am writing to ask whether it would be possible to extend the deadline for final submission of our paper until June 14.

(論文の最終提出期限を6月14日に延長していただくことは可能かどうか確認するために、連絡いたしました。)

☐ The referees asked for several new experiments which will take us an extra two or three weeks to perform.

(査読者から複数の新しい実験を求められていますが、それを実施するためにはさらに2〜3週間が必要です。)

☐ I apologize for the inconvenience caused by its late submission.

(提出が遅れることについてご迷惑をおかけすることをお詫び申し上げます。)

☐ I am writing to inform you that due to unforeseen circumstances, we have to withdraw our paper.

(予想外の事情により、論文を取り下げなければならなくなったことをご連絡するメールです。)

修正済み原稿を同封して査読結果に返信する

☐ Attached is the revised version of our paper.

(論文の修正版を添付します。)

☐ As requested, we have prepared a revised version of our manuscript, which we hope addresses the issues raised by the two reviewers.

(ご依頼に基づいて原稿の修正版を作成しました。査読者お2人によるご指摘に対応できていることと思います。)

☐ As requested, I'm sending you the paper with the changes tracked.

(ご依頼に基づき、変更履歴をつけた論文を送付します。)

査読者への返答の構成を伝える

☐ Below are our responses to the reviewers. The reviewers' comments are in italics, and our responses are numbered.

(査読者への返答は以下のとおりです。査読者からのコメントはイタリック体で表示し、私たちの返答には連番をつけています。)

☐ Rather than going through each report individually, we have organized our response under general areas.

（各報告書に個別に回答するのではなく、全般的にまとめて返答を作成しました。）

査読者のコメントについて前向きな意見を述べる

☐ Please extend my sincere thanks to the paper reviewers for their helpful comments.

（有益なコメントをくださった査読者の皆さまに心から感謝申し上げます。）

☐ The reviewer's suggestion is certainly helpful and …

（査読者からのご提案は大変役立ちました。また〜）

☐ The reviewer is right.

（査読者のご意見はごもっともです。）

☐ These two comments made us realize that …

（この2つのコメントから我々は〜と気づきました。）

修正箇所をまとめる

☐ We have improved the paper along the lines suggested by the Referees.

（査読者からご提案いただいた方針に従って、論文を改善しました。）

☐ I have considered all the comments and suggestions made by reviewers of this paper, and I have incorporated most of them in the final version of this paper.

（本稿の査読者からいただいたコメントとご提案をすべて熟考し、そのほとんどを本稿最終版に組み込みました。）

☐ We have amended the paper addressing most of the comments provided in the referees' reports.

（査読結果に記載されていたコメントのほとんどに対応し、論文を修正しています。）

☐ The tables have been enlarged and we hope they are now clearer.

（表を拡大しましたので、分かりやすくなったと思います。）

☐ The Abstract and the first sections have been improved.

（アブストラクトと最初のセクションが改善されています。）

☐ We have amended the paper following the indications that you and the referees gave us.

（貴殿および査読者からいただいたご指示に従い、論文を修正しました。）

☐ There is now a new table (Table 1) reporting the …

（〜を報告する新しい表［表1］を記載しています。）

☐ We have reduced the abstract to 150 words.

（アブストラクトを150ワードに減らしています。）

☐ On the basis of Ref 1's first comment, we changed several parts which, as you can see, have been tracked.

（査読者1の最初のコメントに基づいて修正した部分は、変更履歴でご覧になれます。）

修正しなかった理由を伝える

☐ Reviewer 1 raised some substantial criticisms that would entail an almost completely new version of the paper.

（査読者1からいただいた大きなご批判は、新たに別の論文にまとめてはどうかと思います。）

☐ We have tried to address the points he made but we have not been able to completely put into action all the recommendations he suggested. In order to do that, we would have gone beyond the intended scope of our paper.

（ご指摘の点に対応しようとしたのですが、ご提案のすべてに応えることはできませんでした。すべてを実行するためには、研究の目的を変えなければなりません。）

☐ Actually, this is not entirely true. In fact, …

（実際のところ、これは少し事実とは異なります。実は～）

☐ I understand what the referee means, however …

（査読者がおっしゃる意味は分かりますが～）

☐ The referee is absolutely right when he says … Yet, …

（査読者が～とおっしゃるのはまったく正しいのですが、～）

結びのフレーズ

☐ Overall we hope we have addressed the main points raised by the reviewers.

（査読者からご指摘いただいた主なポイントにはすべて対応できていると思います。）

☐ Once again we would like to thank the reviewers for their very useful input and we also found your summary most helpful.

（非常に有意義なご意見をくださった査読者の方々に改めて感謝し、示してくださったサマリーが大変有益であったことをお伝えします。）

14.19 問題に関連するフレーズ

問題があることを説明する

☐ Unfortunately I have a problem with your …

（残念ながらあなたの～に問題があります。）

☐ There seems to be a problem with …

（～に問題があるようです。）

☐ I'm afraid there is a slight problem.

（残念ながら、少々問題があります。）

☐ I am not sure I can …

（～できるかどうか分かりません。）

☐ That might cause us …

（そうすると～せざるを得ないかもしれません。）

☐ I think the server may not be working correctly.

（サーバーが正しく作動していない可能性があると思います。）

☐ I am not sure whether you sent me the right file.
（正しいファイルをお送りくださっているでしょうか。）

問題を理解しようとする

☐ I am not completely clear what the problem is.
（何が問題なのかはっきり分かりません。）

☐ I'm sorry but I don't seem to be able to understand the problem. If possible could you give me more details to clarify the situation.
（申し訳ございませんが、問題を理解することができていないようです。できましたら、状況を整理するためにもう少し詳細を提供していただけますか。）

☐ I'm not really clear about this—please clarify.
（これについてよく分かりません。説明してください。）

☐ So if I have understood correctly, the problem is …
（私の理解が正しければ、問題は〜です。）

☐ So you are saying that …
（つまり、〜とおっしゃっているのでしょうか。）

理解したことを示す

☐ Right, I understand.
（はい、分かりました。）

☐ OK that's clear now.
（はい、これではっきりしました。）

☐ OK I am clear now.
（はい、これで理解しました。）

☐ Fine.
（分かりました。）

問題を解決する

☐ OK. I'll see what I can do.
（分かりました、何ができるか検討します。）

☐ I'm sorry about that. I will look into it immediately.
（申し訳ございません。すぐに調べます。）

☐ Don't worry I am sure we can sort it out.
（ご心配なく。必ず解決できます。）

☐ I'll look into it and get back to you first thing tomorrow morning.
（調べて明日の朝一番にお返事します。）

☐ I will contact you again shortly.
（近いうちに再度ご連絡いたします。）

☐ Let me know if there is anything else I can do for you.
（他にできることがあるかどうかお知らせください。）

☐ Just give me a call if you need anything else.
（他に何か必要なことがあればお電話ください。）

問題を解決中であると伝える

☐ I promise I'll have it back to you by the end of this week.

(対応し、週末までに必ず返送します。)

☐ Rest assured that you'll have it within the next two days.

(あさってまでにそちらに届きますのでご安心ください。)

☐ I'll do it as a matter of urgency.

(緊急を要する課題として対応します。)

☐ I'll make it my top priority.

(最優先事項とします。)

☐ I'm just writing to assure you that we are working on the problem.

(問題に対応している最中ですのでご安心いただきたくメールしました。)

問題の原因を説明する

☐ The reason why this happened is …

(これが起こった理由は～です。)

☐ This was due to …

(これは～によるものでした。)

☐ It was related to …

(～に関連していました。)

14.20 説明を求める/説明する

理解できないため、説明を求める

☐ I'm not sure what you mean by …

(～と書いていらっしゃる意味が分かりません。)

☐ What exactly do you mean by …?

(～とは正確にはどういう意味ですか。)

☐ Sorry, what's a "xxx"?

(失礼ですが「xxx」とは何でしょうか。)

理解できていない相手に説明する

☐ What I meant by xxx is …

(私がxxxと書いたのは～という意味です。)

☐ My point is that …

(私が言いたかったのは～です。)

☐ In other words …

(別の表現で言うと～)

☐ So what I'm saying is …

(つまり、私が言いたいのは～です。)

☐ So what I am asking is …

（つまり、私が質問しているのは～です。）

☐ So my question is …

（つまり、私の質問は～です。）

相手は理解できたと考えているが、実はできていないとき

☐ Sorry, no what I meant was …

（申し訳ございません。違います。私が言いたかったのは～でした。）

☐ Sorry about the confusion, what I actually meant was …

（混乱を招き、申し訳ございません。私が言いたかったのは実は～でした。）

☐ Sorry I obviously didn't make myself clear.

（申し訳ございません、ちゃんと説明できていませんでした。）

自分の理解が正しいかどうかを確認する

☐ I'm assuming you mean …

（～という意味ですよね。）

☐ Do you mean that …?

（～という意味でしょうか。）

☐ So are you saying that …?

（つまり、～とおっしゃっているのでしょうか。）

☐ By xxx do you mean …?

（xxxというのは～という意味でしょうか。）

相手が誤解している可能性を確認する

☐ I am a bit concerned that you may have misinterpreted my email.

（私のメールを誤解なさっているかもしれないと少々心配しております。）

☐ You sounded a little annoyed in your last mail. Maybe I had not expressed myself properly.

（前回のメールで少々お苛立ちの気がしました。おそらく私がしっかり説明できていなかったのでしょう。）

誤解を認める

☐ OK, I'm sorry—you are right. I misunderstood.

（失礼しました。おっしゃるとおりです。私が誤解していました。）

☐ Sorry about that, we obviously had our wires crossed!

（失礼しました。明らかに行き違いがありました。）

☐ Sorry for the confusion.

（混乱を招き、失礼しました。）

理解されていることを祈る

□ I hope this helps clarify the problems.
（問題の解決に役立てばよいのですが。）

□ Does this all make sense now?
（これですべてご理解いただけましたでしょうか。）

□ Have I clarified everything for you?
（すべて説明できていますでしょうか。）

□ Do you understand what I mean now?
（これで私の言いたかったことはご理解いただけましたか。）

説明を受け取ったときの返信

□ OK, understood.
（はい、分かりました。）

□ OK, I'm clear now.
（はい、これで理解しました。）

□ OK, but I'm still not clear about …
（はい、ただ、まだ～について理解しておりません。）

14.21 感謝する

相手からの返信に感謝する

□ Many thanks for your email.
（メールを送信くださりありがとうございます。）

□ Thanks for getting back to me.
（お返事をありがとうございます。）

□ Thank you for the quick response.
（早速のご返信をありがとうございます。）

事前に感謝する

□ Thanks in advance.
（それではよろしくお願いします。）

□ Thanks for any help you can give me.
（ご支援ありがたく存じます。）

□ Thank you very much for your assistance.
（ご支援に感謝いたします。）

□ I thank you in advance for your cooperation.
（ご協力いただけましたらありがたく存じます。）

受けた支援に感謝する

☐ Thanks for your help in this matter.
(本件に関するご助力に感謝いたします。)

☐ Thank you for your help in solving this problem.
(問題解決へのご助力に感謝いたします。)

☐ Many thanks for this.
(本当にありがとうございます。)

☐ Thanks once again for all your trouble.
(ご面倒をおかけしました。改めてありがとうございました。)

14.22 謝る

メールにすぐ返信しなかったことに対して

☐ Sorry for the delay in getting back to you.
(返信が遅くなり申し訳ございません。)

☐ Sorry I haven't replied sooner.
(もっと早くに返信することができず、申し訳ございません。)

☐ I apologize for not sending you the information you requested.
(ご依頼の情報を送信していなかった件につきましてお詫び申し上げます。)

☐ Apologies for the late reply.
(返信が遅くなり、申し訳ございません。)

☐ Please accept our apologies for not getting back to you sooner.
(もっと早く返信すべきでした。誠に申し訳ございません。)

メールにすぐ返信しなかったことについての弁解

☐ Please accept my apologies, I was convinced that I had replied to you.
(誠に申し訳ございません。すっかり返信したつもりでおりました。)

☐ Sorry, but I have only just read your message now.
(失礼しました。今、いただいたメッセージを読んだところです。)

☐ I have just got back from a conference.
(今まで会議に出ておりました。)

☐ I've been away for the last few days.
(数日間、留守にしておりました。)

☐ Sorry, but our server has been down, so we haven't been receiving any mails.
(失礼しました。サーバーがダウンし、メールをまったく受信できていませんでした。)

☐ Sorry but we've been having emailing problems.
(失礼しました。メールシステムに障害がありました。)

☐ Sorry but your email must have gone into the spam.
(失礼しました。頂いたメールが迷惑メールとして振り分けられていたようです。)

送ったメールが届いていなかった

☐ For some reason my last email had delivery problems. So here it is again just in case you didn't get it first time round.

（最後のメールは送信に問題があったようですので、念のため再送します。）

☐ Please reply to the above address as our regular connection is down. Thanks very much.

（いつものアドレスが使えないため、上記のアドレスに返信してください。よろしくお願いします。）

未完成のメールを送ってしまった

☐ Sorry I accidentally hit the send button.

（失礼しました。うっかり送信ボタンを押してしまいました。）

メールの最後で謝罪を繰り返す

☐ Again sorry for the delay.

（繰り返しになりますが、連絡が遅くなり申し訳ありませんでした。）

☐ Once again, apologies for any trouble this may have caused you.

（ご迷惑をおかけしたことについて再度お詫びいたします。）

☐ Thanks and once again sorry for not getting back to you straight away.

（ありがとうございました。また、すぐに返信できず、申し訳ございませんでした。）

14.23 添付ファイルを送る

添付について受信者に伝える

☐ I'm attaching …

（～を添付します。）

☐ Please find attached …

（添付した～をご確認ください。）

☐ Attached you will find …

（～のファイルを添付しました。）

☐ Here is …

（こちらが～です。）

☐ As you will see from the attached copy …

（添付した原稿からお分かりのように～）

受領の確認を求める

☐ Please confirm / acknowledge receipt.

（受領をご確認ください/受け取ったことを知らせてください。）

☐ Let me know if you have received it.

（受け取ったかどうかをお知らせください。）

☐ I'd appreciate it if you could confirm your receipt via either fax or email.

（受け取ったことをファックスかメールでお知らせいただけましたらありがたく存じます。）

☐ Please could you acknowledge receipt of this mail as I am not sure we have your correct address.

（正しいアドレスに送っているかどうか確認するために、このメールを受信したら返信していただけますか。）

☐ Let me know if you can't open the file.

（ファイルが開かないときはお知らせください。）

受領確認を送る

☐ This is just to confirm that I received your attachment. I will get back to you by 9.00 tomorrow morning.

（添付ファイルを無事受領しました。明朝9時までに返信いたします。）

☐ I confirm receipt of your attachment.

（添付ファイルを受領いたしました。）

メール/添付ファイルが読めないと伝える

☐ Sorry I couldn't read your mail—it just has a series of strange characters.

（残念ながらメールは判読できませんでした。文字化けの連続となっています。）

☐ I received your mail, but I'm afraid I can't open the attachment.

（メールは受領いたしましたが、残念ながら添付ファイルを開くことができません。）

☐ When I try to open the file the system crashes.

（ファイルを開こうとするとシステムがクラッシュします。）

ファイルの添付漏れを送信者に伝える

☐ Thanks for your mail but I'm afraid you forgot to send the attachment.

（メールをありがとうございます。ただ、ファイルの添付をお忘れになっているのではないでしょうか。）

☐ I think you forgot to send the attachment.

（ファイルの添付をお忘れになっていると思います。）

☐ I can't find the attachment.

（添付ファイルを見つけられません。）

添付ファイルを再送する

☐ Sorry, I just sent you an email without the attachments.

（失礼しました。今、ファイルを添付せずにメールを送ってしまいました。）

☐ Sorry about the problems. Here's the attachment again. Let me know if you can read it.

（ご迷惑をおかけして申し訳ございません。もう一度、ファイルを添付しました。読めるかどうかお知らせください。）

☐ Oops. Sorry. Here it is.

（おっと、失礼しました。こちらです。）

14.24 メールの技術的な問題

インターネット接続の問題

☐ Sorry our server has been down all morning.

（失礼しました。こちらのサーバーが、午前中ずっとダウンしています。）

☐ Sorry but they are doing maintenance work tomorrow morning and I won't have access to my email.

（申し訳ございませんが、明朝はメンテナンスが実施されているため、メールにアクセスできません。）

☐ My Internet service is currently not working at home, which also means I can't call out. But I should still be able to receive incoming phone calls.

（現在、自宅でインターネットサービスが機能していないため、電話をかけることができません。しかし、電話を受ける機能については問題ないはずです。）

14

14.25 留守メッセージ

☐ Adrian Wallwork is on leave from Monday 07/08 to Wed 16/08. If you have any problems or queries please contact Anna Southern at anna.southern@virgilio.it.

（エイドリアン・ウォールワークは8月7日月曜日から8月16日水曜日まで留守にしています。何か問題やお問い合わせなどがございましたら、アンナ・サザン［anna.southern@virgilio.it］までご連絡ください。）

☐ I'm out of the office all day today but will get back to you tomorrow regarding any urgent messages.

（本日は、終日外出しています。急ぎのメッセージには、明日お返事いたします。）

☐ If you have any urgent messages you can contact me on my mobile: [0039] 347 …

（緊急時は携帯電話［0039］347～にご連絡ください。）

第15章 時制を使い分ける

15.1 ウォームアップ

次の英文を読み、正しい時制を選びなさい。

1. Please find enclosed our final manuscript. We (1) ***have addressed / addressed*** all the comments that the reviewer (2) ***has made / made***. In fact, we (3) ***have added / added*** a new section on Y. However, we (4) ***are / do*** not agree with the referee's comment on the appendix. We (5) ***have decided / decided*** to leave the appendix, as we believe it (6) ***will help / helps*** the reader to do X. If you (7) ***require / will require*** any further explanations, please ...

2. You may remember that we (8) ***met / have met*** at the conference on X. You (9) ***mentioned / have mentioned*** that there might be a possibility of working in your lab for X, one of our PhD students who (10) ***is graduated / has a degree*** in K. She (11) ***has carried / been carrying*** out research into Y but (12) ***is now studying / now studies*** Z. In fact for the last three months, she (13) ***is investigating / has investigated / has been investigating*** Z1. She (14) ***is / would be*** interested in continuing this research with your team as you (15) ***have gained / have been gaining*** considerable experience in this field. If a stage in your lab (16) ***is / will be*** possible, I (17) ***will / would*** be extremely grateful if you (18) ***can / could*** let me know by the end of next month since ...

3. Last week I (19) ***have attended / attended*** the X workshop on Y. I (20) ***have found / found*** your presentation on Z very interesting. I (21) ***was wondering / wondered*** whether you (22) ***have / had*** a paper on this topic. If so I (23) ***would appreciate / appreciated*** it if you (24) ***would send / sent*** me a copy to the following address.

4. We (25) ***like / would like*** to submit for publication in X our paper entitled “Y”. This paper is an extended version of an abstract which (26) ***has been / was*** published in the proceedings of Z. We (27) ***have also added / also added*** some new results which we believe (28) ***are / will*** be of interest to the scientific community. We (29) ***look / are looking*** forward to hearing from you.

類似した練習問題は*English for Academic Research: Grammar Exercises*の第27章を参照。

本章では、メールやレターでよく使われる時制、文型、助動詞の形にしぼり、解説する。時制の微妙な違いのほか、誤用の危険がある時制についても説明した。

本章で解説する文法のミニテクニックは以下のとおりである。

- よく使われる時制の使い方
- 微妙なニュアンスを伝えるための時制の使い分け
- 時制の誤用が原因で起こる曖昧さや誤解を避ける方法
- 助動詞の使い分け
- 語順の正しい並べ方
- センテンスのつなげ方

もっと文法を学びたい方には、以下をお勧めする。

ネイティブが教える　日本人研究者のための論文英語表現術
English for Academic Research: Grammar Exercises
English for Academic Research: Vocabulary Exercises
English for Academic Research: Writing Exercises

解答

(1) have addressed (2) made (has made) (3) have added (4) do (5) decided (6) will help / helps (7) require (8) met (9) mentioned (10) has a degree (11) has carried (12) is now studying (13) has been investigating (14) is / would be (15) have gained (16) is (17) would (18) could (19) attended (20) found (21) was wondering (22) have (23) would appreciate (24) would send (25) would like (26) was (has been) (27) have also added (28) will (29) look

1. 最終原稿を同封しました。査読者から頂いたすべてのコメントに対応しました。さらに、Yのセクションを新たに追加しています。ただし、別添に対する査読者からのコメントには同意できません。別添は読者がXを実施するために有用であると判断し、そのまま残すことにしました。さらに説明が必要でしたら～してください。

2. Xの会議でお目にかかったことを覚えていらっしゃると思います。そのときに、Kの学位を持つ当博士課程の学生の一人であるXがあなたの研究所で働く可能性についてふれていました。彼女はYの研究を行ってきましたが、今はZの研究をしています。特にこの3ヵ月間はZ1を研究しています。本分野で多くのご経験があるあなたのチームで、この研究を継続することに彼女は関心を持っています。貴研究所で働くことが可能でしたら、来月末までにこちらまでお知らせ頂けますと大変ありがたく存じます。その理由としましては～。

3. 先週、YについてXのワークショップに参加しました。Zに関するご発表は非常に興味深いものでした。このトピックに関する論文をお持ちかどうか教えて頂けますか。もしお持ちでしたら、以下のアドレスに送っていただけますとありがたく存じます。

4. 「Y」と題するXについての論文を投稿いたします。これはZの予稿集に掲載されたアブストラクトの拡張版です。さらに、科学コミュニティの興味を引くと考えられる新規の結果を追加しました。お返事をお待ちしております。

15.2 現在形

現在形は次のときに使う。

不変の状態や状況を示す

▷ The earth ***revolves*** around the sun.

（地球は太陽の周りを自転する。）

▷ The journal only ***accepts*** manuscripts in English.

（その学術誌は英語で書かれた原稿のみを受け付けている。）

▷ Where ***are*** you from? I ***come*** from Ethiopia.

（出身はどちらですか。私はエチオピア出身です。）

定期的に行う習慣や物事を伝える

▷ What ***do you do***? I ***study*** mathematics at the University of Prague.
（ご職業は何ですか。私はプラハ大学で数学を勉強しています。）

▷ How often ***do you go*** to conferences? I ***go*** about twice a year.
（どれくらいの頻度でカンファレンスに行きますか。私はだいたい年2回行きます。）

正式なメールで距離感をつくるとき（動詞を使った例）

▷ I ***write*** to complain about the poor service I received at your hotel.
（貴ホテルで受けたサービスの低さについて苦情を伝えるために書いています。）

▷ I ***trust*** you are keeping well.
（お元気なことと存じます。）

▷ We ***wish*** to inform you that …
（〜をお知らせしたいと思います。）

▷ We ***advise*** you that the deadline for the manuscript expired last week.
（原稿の締め切りが先週だったことを通知させて頂きます。）

▷ I ***regret*** that we will not be able to meet your deadline.
（締め切りに間に合わせられないことについて残念に思います。）

▷ I ***appreciate*** the fact / I ***realize*** that you must be very busy, but …
（非常にご多忙のことと存じますが〜）

▷ I ***acknowledge*** / ***confirm*** receipt of your paper.
（論文を受領したことを通知いたします。）

▷ I ***look forward*** to hearing from you in the near future.
（近いうちのお返事をお待ちしております。）

前回の版と比較して原稿がどのように変わったかを査読者に伝える

▷ Figure 3 now ***appears*** in the Appendix.
（図3を今回は別添に示しています。）

▷ Table 6 now ***contains*** data on …
（表6に今回は〜に関するデータを含めています。）

▷ The Abstract ***is*** now considerably shorter.
（アブストラクトを大幅に短くしました。）

他の研究者が自分たちに伝えたことを報告する

▷ Professor Kamatachi ***sends*** her kindest regards.
（カマタチ教授がよろしくとのことです。）

▷ Kai ***says*** hello.
（カイがよろしくとのことです。）

現在形のみを使い、通常は現在進行形（➔**15.4節**）にしない動詞がある。このような動詞の場合、今まさに起こっていることでも、対面かメールかに関係なく現在形を使う。フォーマルな場面でもインフォーマルな場面でも現在形にする。

▷ ***Do you agree*** with what I am saying? Yes, I ***agree***.

（私の言うことに同意なさいますか。はい、同意します。）

▷ I ***assure*** you / I ***guarantee*** / I ***promise*** I will be on time.

（必ず時間に間に合うように行きます。）

▷ I ***imagine*** you must have had a long journey to get here.

（こちらにいらっしゃるまでの道のりは長かったに違いないと思います。）

▷ I ***notice*** from your badge that you are from the university of …

（あなたのバッジから推測して、〜大学のご出身ですよね。）

▷ I ***hear*** / ***understand*** / ***gather*** that you are doing a presentation this afternoon.

（今日の午後に発表をなさると聞いています。）

15.3 現在形を使わないとき

次のときに現在形は**使わない**。

提案、助言、提供するとき：shallまたはwillを使う

▷ ***Shall I email*** you to confirm the arrangements?

（準備完了の確認ができ次第、メールを差し上げましょうか。）

▷ ***Shall we go*** on the trip tomorrow?

（明日、旅行に出かけませんか。）

▷ ***Shall I open*** the window?

（窓を開けましょうか。）

▷ ***I will let*** you know the results of the tests tomorrow.

（明日、検査結果をお知らせします。）

メールまたは対面でもらった提案に反応するとき：willを使う（→15.5節）

▷ Please can you tell Prof Davis to contact me. OK, I ***will let*** him now.

（送信者：私に連絡をするようデイビス教授に伝えていただけますか。
回答：分かりました、すぐに知らせます。）

▷ If possible, could you do this by Friday? ***I'll do*** my best.

（送信者：可能でしたら金曜日までにこれをしていただけますか。回答：最善を尽くします。）

▷ What would you like to drink? ***I'll have*** a beer.

（質問者：何を飲みたいですか。回答：ビールをいただきます。）

過去に始まり、現在まで継続している行動や状況を表現するとき：現在完了形を使う（→15.9節）

▷ I ***have lived*** here for six months.

（ここに6ヵ月間住んでいます。）〈現在形で、I live here for six monthsは不可〉

15.4 現在進行形

現在進行形は次のときに使う。

まさに今、起こっている未完了の動作を示すとき

▷ What ***is he saying***? I don't understand.

（彼は何と言っているのですか。私には分かりません。）

▷ What ***are you doing***? ***I'm just downloading*** some photos to show you.

（何をしているのですか。あなたに見せるための写真をダウンロードしているところです。）

一定期間に進行中の未完了の動作または傾向を示すとき

▷ I ***am working*** on a new project with Dr Huria.

（フリア博士と新しいプロジェクトに取り組んでいます。）

▷ The number of people using Facebook ***is growing*** steadily.

（Facebook利用者数は着実に増加しています。）

一時的な出来事や状況を示すとき

▷ I usually teach at the university, but this month I ***am doing*** seminars at another institute.

（いつもは大学で教えていますが、今月は別の研究所でセミナーを開いています。）

▷ I have only just arrived so I ***am staying*** in university accommodation until I find something of my own.

（到着したばかりですので、住む場所を見つけるまでは大学の宿泊施設に滞在しています。）

write、enclose、attach、look forward toなどの動詞を使ってメールやレターで友好的なトーンを出すとき

▷ I ***am writing*** to let you know that the paper has finally been accepted.

（論文がようやく受理されたことをお知らせいたします。）

▷ I ***am attaching*** those photos that I took at the social dinner.

（夕食会で撮影した写真を添付します。）

▷ I ***am really looking forward to*** seeing you again.

（またお目にかかれることをとても楽しみにしています。）

計画された将来の予定について示すとき

（疑問文では、相手に予定があるかどうかを質問者が知っていても知らなくても使える）

▷ I ***am seeing*** Chandra on Monday.

（月曜日にチャンドラに会います。）
〈チャンドラと私はすでにこの予定を立てている〉

▷ ***We're flying*** there on Monday.

（月曜日に飛行機であちらに行きます。）
〈すでに飛行機のチケットを購入している〉

▷ What ***are you doing*** this weekend? ***We're going*** skiing.

（この週末は何をしていますか。スキーに行きます。）

▷ When ***are you leaving***? I ***am leaving*** after my presentation this afternoon.

（いつ出発しますか。午後、私の発表が終わったら発ちます。）

15.5 進行形を使わないとき

次のタイプの動詞は、通常、進行形、すなわち現在進行形、過去進行形、現在完了進行形をとらない。動作ではなく状態を示す動詞だからだ。

意見や思考を表す動詞

（例）believe、forget、gather、imagine、know、mean、notice、recognize、remember、（意見を表明するときの）think、understand

▷ I ***gather*** you have been having some problems with the software.

（ソフトウェアに問題があると推測します。）

感覚や知覚を表す動詞

（例）feel、hear、see、seem、look、smell、taste

▷ This fish ***tastes*** delicious.

（この魚はおいしいです。）

感情や欲望を表現する動詞

（例）hate、hope、like、love、prefer、regret、want、wish

▷ ***Do you want*** anymore wine?

（もう少しワインを召し上がりますか。）

▷ ***I wish*** my wife was here, she would love this place.

（妻も一緒に来られたらよかったのですが。彼女はこの場所を気に入るでしょう。）

測定する動詞

（例）contain、cost、hold、measure、weigh

▷ This table ***contains*** the data on xyz.

（この表はxyzに関するデータを表しています。）

▷ The recipient ***holds*** up to six liters.

（容器には6リットルまで入ります。）

上記の動詞を状態ではなく動作を表現するために使う場合は、例えば次のように進行形にできることもある。

▷ We ***are having*** dinner with the team tonight.

（今夜、チームで夕食を取ります。）

〈haveは「所有する」ではなく「食べる」の意味〉

▷ We ***were thinking*** about contacting them for a collaboration.

（共同研究のために連絡を取ることを検討中です。）

〈thinkは「意見がある」ではなく「（一時的に）～かどうかを考える」の意味〉

15.6 未来形［will］

willは次のときに使う。

依頼のメールに対して、依頼を受ける予定であると返信するとき

▷ Could you have a look at the doc and tell me what you think of it.

（送信者：書類をご一読いただき、ご意見をいただけますか。）

OK, ***I'll do*** it tomorrow morning.

（受信者：了解しました。明朝に行います。）

▷ I was wondering whether you might be able to give me a hand with my presentation.

（送信者：恐れ入りますが、私の発表を手伝っていただくことは可能でしょうか。）

OK, ***I'll have*** a look at my diary when I get to the office and ***I'll let*** you know when will be a good time for me.

（受信者：了解です。オフィスに着いたら予定を確認し、都合のよい時間をお知らせします。）

▷ ***I'll contact*** Dr Njimi and ask her to mail you.

（ンジミ教授に連絡し、あなたにメールするよう頼みます。）

▷ ***I'll be*** in touch soon.

（またすぐに連絡します。）

まさにそのときに発生している状況に反応するとき

▷ My mobile's ringing. ***I'll just have*** to answer it.
（電話がかかってきました。ちょっと出なければなりません。）

▷ A: I am having problems with this translation. B: ***I'll help you*** with it if you like.
（A：この翻訳で困っています。B：よければお手伝いします。）

▷ A: I don't really understand. B: ***I'll try*** to explain myself better. ***I'll give*** you an example.
（A：あまりよく理解できません。B：私の考えをもう少しうまく説明できるように頑張ります。例を挙げます。）

▷ A: Would you like something to eat? B: No, ***I'll have*** something later thank you.
（A：何かお召し上がりになりますか。B：いいえ、あとでいただきます。ありがとうございます。）

添付物や同封物を説明するとき

▷ As you ***will see*** from the attached copy …
（添付した原稿からお分かりのように～）

▷ Below you ***will find*** the responses to your points re ...
（～に関するご指摘に対する回答を以下に示します。）

▷ Herein you ***will find*** enclosed two copies of the contract.
（こちらに契約書を2部同封いたしました。）

個人的な直感に基づき、将来の出来事を予想するとき

▷ The number of congresses ***will go*** down if large-screen videoconferencing becomes possible.
（大画面のテレビ会議システムが可能となれば、学術大会の数は減るでしょう。）

▷ I'm pretty sure Qatar ***won't win*** the World Cup.
（ワールドカップでカタールはまず勝てないと確信しています。）

現在進行形（➔15.4節）にしない動詞を使って将来の状態や出来事を表現するとき

▷ We ***will know*** tomorrow.
（明日分かります。）

▷ She ***will be*** 50 next week.
（彼女は来週、50歳になります。）

公式な行事などを示すとき

▷ The university ***will celebrate*** its 500th anniversary next year.
（大学は来年、500周年を迎えます。）

▷ The next edition of the conference ***will be held*** in Karachi.
（次回の会議はカラチで開催されます。）

▷ The seminar ***will take place*** at 10.00 in Room 6.
（セミナーはルーム6で10時に始まります。）

依頼をするとき

▷ ***Will you give*** me a hand with this translation please?

（この翻訳を手伝ってくれませんか。）

▷ ***Will you let*** me know how you get on?

（進み具合を知らせてもらえますか。）

15.7 未来進行形

未来進行形は次のときに使う。

自分の意思や希望に関係なく何かが起こることを示すとき

未来進行形は必然性を示し、自分が制御できないことを暗示する。

▷ I'm sorry but I ***won't be attending*** your presentation tomorrow.

（申し訳ございませんが、明日のあなたの発表には参加できなくなりました。）
〈この判断は恣意的にしたものではなく、注意を向ける必要のあるもっと緊急のタスクが残念ながら発生したという背景を伝える〉

▷ ***I'll be going*** to the station myself so I can give you a lift there if you like.

（駅に行く予定でしたので、よろしければお送りできます。）
〈自分も駅に行く用があるのでどうせなら送りますと好意を伝えている。"I am going to the station" よりも少し丁寧な表現〉

▷ A: Would you like to come with us to dinner tonight?
B: I'm very sorry but I ***will be going*** with Professor Chowdry's group.

（A：今夜、一緒に夕食はいかがですか。
B：申し訳ございませんが、チャードリー教授のグループと行くことになっています。）
〈自分に選択権はなく、チャードリー教授のグループと行かなければならないことを伝えている〉

上記の例で単純未来形のwillを使うと、まったく異なる印象を与えてしまう。最初の例では、"I won't attend" とすると、参加したくないという自分の気持ちを示すことになる。2番目の例では、"I will go" とすると、相手からお願いされているのでそれを受け入れ、駅へ行くとその場で判断したことになる。そして3番目の例では、"I will go" とすると、話者Aと行きたくないため、チャードリー教授のグループと行くと自発的に決めたことを意味する。

過去進行形を使っても、同様の丁寧さを表現することができる。過去進行形はさらに自信なさげに響くため、より控えめになる。

▷ I ***wonder*** whether you might be able to help me.
（できればご支援いただけないかと思っています。）〈現在形〉

▷ I ***was wondering*** whether you might be able to help me.
（恐れ入りますが、ご支援いただくことは可能でしょうか。）〈過去進行形〉

未来進行形は次のような場合にも使用する。

計画や予定について話すとき

ここでも同様に、自分の行動が自分だけの気持ちによるものではないという意味合いを示す。物事の自然の成り行きでしかないことを暗示する。

▷ I ***will be paying*** by credit card.
（クレジットカードで支払います。）

▷ My boss ***will be arriving*** on the 10 o'clock flight.
（私の上司は10時の飛行機で到着します。）

▷ As of 15 January ***we will be increasing*** the cost of subscription by 6%.
（1月15日から、購読費を6%値上げします。）

▷ We hereby inform you that from September 1 our institute ***will be moving*** to the address indicated below.
（当研究所は、9月1日に下記の住所に移転することをお知らせいたします。）

実現に向けてすでに行動を始めていることを示すとき（未来形との比較）

▷ I ***will send*** you the paper next week.
（来週、論文を送ります。）
〈相手の依頼に反応して、今この決定を行ったというニュアンス→未来形〉

▷ I ***will be sending*** you the paper next week.
（来週、論文を送ります。）
〈今、受け取った相手からの依頼とは関係なく、自分はすでに決定していたというニュアンス→未来進行形〉

未来のある一時点で起きるであろう動作を示すとき
（この場合の未来形は、現在進行形や過去進行形と同じ）

▷ When I get to Manchester it ***will probably be raining.***
（マンチェスターに到着したら、おそらく雨が降っているでしょう。）
〈おそらく雨が降り始めている〉

▷ This time next year I ***will be working*** in Professor Jamani's lab and I ***will finally be earning*** some money!
（来年の今頃にはジャマニ教授の研究所で働いていて、ようやく収入を得ていることでしょう。）

15.8 be going to

be going to＋動詞の原形は次のときに使う。

すでに決めた計画や意図であることを示すとき

（実際に実行に移したかどうかは分からない）

▷ ***She's going*** to try and get an internship somewhere.

（彼女はどこかでインターンシップをしようと思っています。）

〈計画を立てているが、すでに探し始めているとは限らない〉

▷ ***Are you going to*** see the Sagrada Familia while you're in Barcelona?

（バルセロナにいる間にサグラダ・ファミリアを見に行く予定ですか。）

〈旅行計画にすでに入っているかどうかを聞いている〉

他人との調整が不要な、一人だけの行動を示唆する計画を示すとき

▷ After the presentation I ***am going to*** have a long bath back at the hotel.

（発表が終わったら、ホテルに戻ってゆっくりお風呂に入る予定です。）

▷ Tonight I ***am just going to*** read through my notes, then I ***am going to*** go to bed.

（今夜は、自分のメモを最後まで読んでから寝る予定です。）

現在または過去の原因に基づいた予測をするとき

（すでに何かが起こり始めている場合もある）

▷ Look at the sky—it looks like it ***is going to*** snow.

（空を見て。雪が降りそうです。）

〈雲の様子から降雪が予測できる〉

▷ It ***is going to*** be tough for students with the cuts in education that the government is planning to introduce.

（政府が導入を予定している教育費の削減により、学生は苦労するでしょう。）

〈歳出が削減されると、学生は費用の支払いに苦労することが過去の経験から示されている〉

15.9 過去形

過去形は次のときに使う。

たとえ1秒前でも近い過去または遠い過去に完了した動作を話すとき

▷ I ***sent*** the mail below to them on October 22, but have heard nothing since.

（10月22日、彼らに以下に示すメールを送りましたが、その後、ご連絡をいただいておりません。）

▷ Professor Putin ***called*** this morning to verify …

（今朝、プーチン教授から～の確認のため電話をいただきました。）

▷ The University of Bologna is the oldest university in the world. It ***was founded*** in 1088.

（ボローニャ大学は世界最古の大学であり、1088年に創立されました。）

正確な時期には言及しなくても、受信者にとって時期が明らかなら過去形を使う。

▷ Regarding the data you asked for, I ***forgot*** to mention in my previous mail that …

（ご依頼のあったデータですが、前回のメールで～のことをお伝えし忘れていました。）

▷ Please find attached the market report I ***promised*** you.

（お約束した市況報告を添付させていただきました。）

15.10 現在完了形

現在完了形の多くは、過去を現在につなげる。動作は過去のものだが、動作そのものよりも結果に焦点を当てたいため、時を厳密には特定しない。

現在完了形は次のときに使う。

ある期間に行われた動作がまだ終わっていないことを示すとき

▷ ***I've written*** more than 10 papers on the topic.

（このトピックについて10本を超える論文を書いてきました。）
〈そして、同トピックに関する研究のことをさらに書くつもりがある〉

▷ So far I ***have responded*** to two out of three of the referee's reports.

（これまでのところ、3つの査読報告書のうち2つに回答してきました。）
〈3番目の査読者に対して回答する時間がまだある〉

過去形と現在完了形を比較してみよう

▷ ***Did you receive*** my last email message sent on 10 March?

（3月10日に送信した前回の私のメールをお受け取りになりましたか。）
〈正確な日時を提示している〉

▷ I just wanted to check whether you ***have received*** any news from Professor Shankar.

（シャンカール教授から何か連絡を受けておられないかちょっと知りたいと思いました。）

〈相手がすでにシャンカール教授から連絡を受けたかどうか、自分は知らない〉

過去の事実であっても時を明らかにする必要がないとき

▷ I ***have been*** to six conferences on this subject.

（このテーマについて6つのカンファレンスに参加してきました。）

▷ I ***have been informed*** that …

（～との通知を受けてきました。）

▷ I'm sorry I ***haven't replied*** earlier but I ***have been*** out of the office all week.

（もっと早くにお返事できず申し訳ございません。今週はずっと外出していました。）

過去に始まり、現在まで継続している動作や状態を表現するとき

▷ I ***have worked*** here for six months.

（ここで6ヵ月間働いています。）

〈"I ***work*** here for six months."と現在形を使わない〉

▷ We ***have not made*** much progress in this project so far.

（これまでのところ、このプロジェクトはあまり進んでいません。）

注：動作の期間はfor、動作の開始時期はsinceを使って示す。

- for five years（5年間）、for a long time（長期間）、for more than an hour（1時間を超えて）
- since 2011（2011年以降）、since January（1月以降）、since he joined our research team（彼が我々の研究チームに参加してから）

新規情報とそれに伴うアクションを示すとき

▷ This is to inform you that my email address ***has changed***. From now on please use:

（私のメールアドレスが変わったことをお知らせするメールです。
今後はこちらを使ってください。）

▷ I ***have spoken*** to our administration department and they ***have forwarded*** your request to the head of department.

（管理部に話をしました。部はあなたの依頼を部門長に転送しています。）

▷ I ***have looked*** at your revisions and ***have just added*** a few comments. Hope they help.

（修正を拝見し、いくつかコメントを追加しました。お役に立ちますように。）

▷ A new figure ***has been inserted*** in Section 2.

（2節に新しい図を挿入しています。）

▷ We ***have reduced*** the length of the Abstract, as suggested by Reviewer 2.
（査読者2のご指摘に従い、アブストラクトを短くしました。）

▷ We ***have not made*** any changes to Table 1 because we think that …
（～と考えるため、表1は変更していません。）

起こったことが初めて/2度目だというとき

（注：このようなときに現在形は使わない）

▷ This is the first time I ***have done*** a presentation—I am very nervous.
（プレゼンをするのはこれが初めてです。非常に緊張しています。）

▷ This is the second time I ***have been*** to Caracas.
（カラカスに来るのはこれが2度目です。）

動作の詳細に焦点を当てるときには、**現在完了形を使わず**、過去形を使用する。

現在完了形と過去形を比較してみよう

▷ ***I've seen her presentation*** twice before so I don't want to watch her again.
（以前に2度、彼女の発表を見たことがあるため、もう一度見たいとは思いません。）
〈発表を見た過去の瞬間よりも、その後の影響を重要視している→現在完了形〉

▷ ***Did you see*** her at the last conference or the one before?
（彼女を見たのは最後の会議ですか、それともその一つ前の会議ですか。）
〈特定の瞬間に焦点を当てている→過去形〉

▷ ***Have you ever bought*** anything from Amazon?
（Amazonで買い物をしたことがありますか。）〈現在完了形〉

▷ What exactly ***did you buy***? How long ***did it take*** to receive them?
（具体的に何を買いましたか。受け取るまでの期間はどの程度でしたか。）〈過去形〉

15.11 現在完了進行形

現在完了進行形は次のときに使う。

過去に始まり、現在まで継続している動作や傾向を表現するとき

▷ How long ***have you been working*** in the field of psycholinguistics?
（どれくらいの期間、心理言語学の分野で研究していますか。）

▷ ***I've been going*** to presentations all morning, I'm really tired.
（朝からずっと発表を聞いています。非常に疲れました。）

最近の出来事の影響が継続しているとき

▷ Why are you covered in ink? ***I've been repairing*** the photocopier.

（なぜインクまみれなのですか。コピー機を修理しているところなんです。）

▷ ***He's been working*** for 14 hours nonstop that's why he looks so tired.

（彼は14時間ぶっ続けで働いているので、あれほど疲れているように見えるのです。）

メールや電話で問題を要約する、または新しい話題を始めるとき

▷ I gather you ***have been experiencing*** problems in downloading the conference program.

（会議のプログラムのダウンロードでお困りなのですね。）

▷ ***I've been talking*** to Jim about the fault in your computer but I can't find your email describing …

（あなたのコンピュータの欠陥についてジムと話しているのですが、～を説明しているあなたのメールが見つかりません。）

15.12 現在完了進行形を使わないとき

すでに終了した動作や、出来事の回数を話すとき、量（日時を除く）を特定するときには**現在完了進行形を使わない**。代わりに現在完了形または過去形を使う。

比較してみよう

▷ We ***have been writing*** a lot of papers recently.

（最近、たくさんの論文を書いています。）

〈そしてもっと書く可能性がある。→現在完了進行形〉

▷ We ***have written*** six papers in the last three years.

（この3年間に6本の論文を書きました。）

〈次に書く論文は7本目となる。最初の6本の執筆は終了している。→現在完了形〉

▷ I ***have worked*** on several projects in this field.

（この分野でいくつかのプロジェクトにかかわってきました。）

〈プロジェクトは現在、完了しているが、今後、同様のプロジェクトで働く可能性がある。→現在完了形〉

▷ I ***have been working*** for three years on this project.

（3年間、このプロジェクトで働いています。）

〈このプロジェクトは今も継続中だ。→現在完了進行形〉

▷ I ***worked*** on three projects in that field, before switching to a completely new line of research.

（その分野で3つのプロジェクトにかかわりました。まったく新しい分野の研究に移る前のことです。）

〈現在は異なる分野で働いている。→過去形〉

▷ ***He's been talking*** on the phone all morning.

（彼は午前中ずっと電話しています。）
〈彼は今も話している。→現在完了進行形〉

▷ ***I've talked*** to him and we've resolved the matter.

（彼と話し合い、問題は解決しました。）
〈話し合いは終了した。→現在完了形〉

過去形、現在完了形、現在完了進行形の違いを理解しよう

▷ I ***have been trying*** to call you.

（先ほどからあなたに電話で連絡しようとしています。）
〈そしておそらくこれからも電話をかけ続ける。→現在完了進行形〉

▷ I ***have tried*** to call you.

（あなたに電話で連絡しようとしてきました。）
〈おそらく最近まで努力していたが、今は電話することをやめている。→現在完了形〉

▷ I ***tried*** to call you.

（あなたに電話で連絡しようとしました。）
〈例えば、今朝、昨日、週末など特定の時点のことであり、もう電話はしないつもりだ。→過去形〉

15.13 命令形

命令形は次のときに使う。

失礼な印象を与えずに、してほしいことを伝えるとき

特にメールの場合、pleaseを使用することで、丁寧で控えめなセンテンスにすることが可能だ。なお、pleaseのあとにカンマは不要である。

▷ ***Let*** me know if you have any problems.

（何か問題があればご連絡ください。）

▷ ***Say*** hello to Cindy for me.

（シンディによろしくお伝えください。）

▷ Please ***find*** attached a copy of my paper.

（私の論文を添付しましたのでご確認ください。）

▷ Please ***do not hesitate*** to contact me if you need any further clarifications.

（説明が必要な場合は、遠慮なく私にご連絡ください。）

健康などを祈るとき

▷ ***Have*** a great day.

（よい一日を。）

▷ ***Enjoy*** your meal.

（食事をお楽しみください。）

▷ ***Have*** a nice weekend.

（よい週末を。）

▷ ***Have*** a great Thanksgiving!

（よい感謝祭を。）

▷ Happy Easter to everyone.

（皆さま、よいイースターを。）

▷ A Happy Christmas to you all.

（皆さん、よいクリスマスを。）

フォーマルに表現したいとき

▷ I would like to take this opportunity to wish you a peaceful and prosperous New Year.

（この機会に、平和で栄えある新年をお祈り申し上げます。）

15.14 Zero Conditional / First Conditional（直説法）

Zero Conditional（ゼロコンディショナル）［if + 現在形, 現在形］は、普遍的な真実や科学的事実を示す。「常に、変わらず」または「いつでも」という意味合いがある。

▷ If you ***mix*** green and red you ***get*** brown.

（緑と赤を混ぜると、茶色になります。）

▷ If you ***work*** in industry you generally ***get*** paid more than if you work in research.

（一般的に企業で働くと、研究者として働くよりも収入が高くなります。）

First Conditional（ファーストコンディショナル）［if + 現在形, will節］は、常に正しい普遍的な真実ではなく、将来的に起こりうる状況について述べるときに使う。

▷ We wish to inform you that if we ***do not receive*** the revised manuscript by the end of this month, we ***will be forced*** to withdraw your contribution from the special issue.

（今月末までに修正原稿が届かなければ、特別号への寄稿を中止せざるを得ないことをお知らせしたいと思います。）

▷ I ***will go*** on the trip tomorrow if it ***doesn't*** rain.

（雨が降らなければ、明日、旅行に行きます。）

15.15 Second Conditional（仮定法過去）

Second Conditional（セカンドコンディショナル）［if ＋ 過去形, would節］は、起こりそうにない状況、もしくは現実味のない将来の状況を示すとき、または控えめな依頼をするときに使う。

▷ If I ***had*** enough money I ***would*** probably retire.
（十分なお金があれば、おそらく引退するでしょう。）
〈現時点で、十分なお金を持っていない〉

▷ If my department ***gave*** me the funding, I ***would*** do my research abroad.
（学部から財政支援を受けられれば、海外で研究を行うのですが。）
〈学部から支援を受けられそうにない〉

▷ If I ***were*** you, I ***would reduce*** the number of slides in your presentation.
（私なら、あなたの発表のスライド数を減らすでしょう。）
〈私はあなたではない〉

▷ ***Would it be*** OK with you, if I ***delayed*** sending you the revisions until next week?
（修正の送信を来週までに延期しても構いませんでしょうか。）
〈控えめにお願いをしている〉

▷ ***Would you mind*** if we ***met*** in the conference bar rather than at your hotel?
（あなたのホテルではなく、カンファレンスのバーでお目にかかることは可能でしょうか。）

▷ If we ***took*** a taxi, it ***would*** be much quicker.
（タクシーに乗れば、ずっと速く行けるでしょう。）

注：人によって（特にアメリカでは）、if節でも主節（帰結節）でもwouldを使うことがある。

査読報告書への回答としては、査読者からの要求を満たす努力を示すためにSecond Conditionalを使用することができる。

▷ If we ***did*** as Ref. 1 suggests, this ***would*** entail doing several more experiments which ***would*** take at least six months work.
（査読者1の提案を受け入れれば、6ヵ月以上かかると思われる複数の実験が必要になるでしょう。）

▷ If we ***removed*** Figure 3, the reader ***might / would not be able*** to understand the significance of our data.
（図3を削除すれば、読者はデータの重要性を理解できなくなるかもしれません。）

メールやビジネスレターのみでしかほぼ使われない、特有の条件法がある。if節と主節の両方でwould（またはcould）を使用するスタイルだ。このスタイルは敬意を示すために使用される。

▷ I ***would*** be grateful if you ***would send*** me a copy of your paper.
(あなたの論文を一部送ってくださいましたらありがたく存じます。)

▷ If you ***could get*** this to me before the end of today it ***would be*** great.
(今日中にこれを私に届けてくださるとありがたいのですが。)

▷ Any information you ***could give*** us ***would be*** very much appreciated.
(何か我々に情報をいただけましたら、大変ありがたく存じます。)

▷ I ***would very much appreciate*** it if you ***could get back*** to me within the next few days.
(2〜3日中にお返事いただけましたら大変ありがたく存じます。)

wouldは丁寧に願望を伝えるときにも使う

▷ I ***would like*** to inform you that ...
(〜ということを通知させて頂きたいと思います。)

▷ I ***would like*** to take this opportunity to …
(この機会に〜させていただきたいと思います。)

15.16 Third Conditional(仮定法過去完了)

Third Conditional(サードコンディショナル)[if + 過去完了形, would have 過去分詞]は、何かが起こっていたとしたら(起こっていなかったとしたら)、どうなったかを表現する形だ。過去の逃した機会や、自分や他者に対する批判について、後悔や仮説を示すときに使える。

▷ If I ***had realized*** how long it would take me to prepare the presentation, I ***would never have offered*** to do it.
(プレゼンの準備にどれほど長くかかるか分かっていたら、やると申し出なかっただろうに。)

▷ I ***would have come*** to the airport to meet you if I ***had known*** that you were coming.
(あなたが来ると知っていたら、空港に迎えに行ったのに。)

なお、if節と主節の順序はどちらでも構わない。

▷ I ***will help*** you if you ***want***. / If you ***want*** I ***will help*** you.
(ご希望でしたら、手伝います。)

▷ If I ***had*** the opportunity I ***would get*** a job in industry. / I ***would get*** a job in industry, if I ***had*** the opportunity.
(機会を得られれば、企業で働くでしょう。)

各形式を混ぜて使うこともできる。

▷ If I ***had not met*** Professor Rossi, I ***would not be*** in Italy now.
（ロッシ教授に会っていなければ、今頃イタリアにはいなかったでしょう。）
〈if ＋ 過去完了形, would節〉

15.17 能力や可能性を示す助動詞――can、could、may、might

canとcannotは、その気になれば発揮できる（またはできない）一般的能力を示すときに使う。

▷ I ***can*** use many different programming languages.
（私は各種プログラミング言語をたくさん使うことができます。）
▷ I am afraid I ***can't*** speak English very well.
（私は残念ながら英語をうまく話せません。）

canは100%確実なとき、cannotは100%不確実なとき、may（not）は50%確実（不確実）なときに使う。

▷ I ***can*** let you know tomorrow.
（明日、お知らせすることができます。）
〈明日知らせることができると確信している〉
▷ We ***cannot*** cut the paper any further without losing much of the significance.
（これ以上削ると論文の意義が損なわれるので削れません。）
〈これ以上削除することは不可能だ〉
▷ I am afraid that I ***cannot*** attend your seminar.
（あいにくあなたのセミナーに参加できません。）
〈参加は不可能だ〉
▷ I ***may*** go to at least one of the social events, but I am not sure I will have time.
（社交行事のうち最低1つには参加したいのですが、
その時間が取れるかどうかわかりません。）
〈たぶん行く〉

可能性や将来に関する推測を語るときにもmay、might、couldが使える。

▷ You ***may*** remember we met last year at the EFX conference in Barcelona.
（昨年、バルセロナのEFX会議でお目にかかったことを覚えていらっしゃると思います。）

▷ We ***may*** have to abandon the project.
（プロジェクトを断念しなければならないかもしれません。）

▷ They ***may*** not get the funding if the government keeps making cuts in education.
（政府が教育費を削減し続けるなら、彼らは資金を得られないかもしれません。）

▷ Please accept our apologies for any inconvenience this ***may*** have caused you.
（ご不便をおかけしたかもしれないことについてお詫び申し上げます。）

▷ I ***could*** be wrong.
（私は間違っているかもしれません。）
〈必ずしも間違っているとは限らない〉

▷ The results they obtained ***could*** / ***might*** be misleading.
（得られた結果は誤解を招くものかもしれません。）〈私の推測〉

15.18 助言や義務を表現する助動詞—have to、must、need、should

相手に助言をするときはshouldを使う。強く圧力をかけて推奨するときはmustを使う。

▷ You ***should*** try getting in touch with her via Facebook.
（彼女にはFacebookを使って連絡を取ってみてはどうでしょうか。）

▷ You ***must*** go and see the cathedral while you're here—it is so beautiful.
（ここにいる間にぜひとも大聖堂を見に行くべきです。とても美しいですよ。）

事の是非や善悪に関わるとき、何かが予定されているとき、何かがよい考えであるときにはshouldを使う。

▷ The government ***should*** spend more on research.
（政府は研究にもっとお金を使うべきです。）

▷ I think they ***should*** avoid having too many parallel sessions at conferences.
（学会で多くのセッションを並行開催することは避けるべきだと思います。）

▷ We ***should*** try and get to the museum early to avoid the queues.
（順番待ちの列を避けるためには、博物館に早く着くようにすべきです。）

▷ I sent it via DHL yesterday so you ***should*** get it by tomorrow at the latest.
（昨日、DHLで送ったので、遅くとも明日には届くはずです。）

メールの最後で、もし質問などがあれば遠慮なく聞いてくれるように受信者に伝える際には、shouldがよく使われる。このとき、shouldは主語の前に置く。

▷ ***Should*** you have any questions, please let us know.

（何かご質問などございましたら、ご連絡ください。）

▷ ***Should*** you need any further clarifications, do not hesitate to contact me.

（説明が必要でしたら、遠慮なくご連絡ください。）

自ら課した責務ではなく他者から要求された責務はhave toで伝える

▷ In my country you only ***have to*** wear seatbelts if you are driving on a motorway.

（私の国では、高速道路を走るときだけシートベルトの着用が義務づけられています。）

▷ I ***have to*** catch the 6.30 train to be at work on time.

（仕事に遅れずに行くため、6時30分の電車に乗らなければなりません。）

▷ You ***have to*** take your shoes off when you go in the mosque.

（モスクに入るときは靴を脱がなければなりません。）

責務を果たす必要がない、またはあなたの責任ではないときはdon't have toまたはdon't need toを使う

▷ At my institute you ***don't necessarily have to*** always work in the lab, you can work from home if you want.

（私の研究所では、必ずしも常にラボで働かなければならないわけではなく、希望があれば在宅勤務が可能です。）

▷ You ***don't have to*** send it via fax, you can email it if you like.

（ファックスで送らなくて構いません。ご希望でしたらメールでも送信可能です。）

現在の状況から演繹（えんえき）して推測するときにはmustを使う

▷ It appears that some mistake ***must*** have been made.

（何らかの誤りがあったに違いないと思われます。）

▷ Could you send your fax number again as I think I ***must*** have the wrong number.

（ファックス番号をもう一度送っていただけますか。手元にあるのは誤った番号に違いありません。）

▷ I realize you ***must*** be very busy at the moment but if you could spare a moment I would be most grateful.

（現在、非常にお忙しくされていると思いますが、少しでもお時間を割いていただけますと大変助かります。）

指示するときにはhave toやmustを使わず、命令形を使えばよい

▷ To get there, just ***go*** out of the lobby and ***turn*** right, then ***go*** straight on for 100 meters.

（ロビーを出て右に曲がり、100 mまっすぐ行けばすぐです。）

▷ Please let me know how you ***get*** on.

（進み具合を教えてください。）

あなたに権限がある場合（例えば学会の主催者、ジャーナルのエディターなど）は、正式な状況で手順を解説するためにmustを使うことができる。

▷ Applications ***must*** be received by 30 June.

（申し込みは6月30日までに受領されなければなりません。）

▷ Papers ***must*** be sent in both pdf and Word formats.

（論文はPDFとWordの両方の形式で送ってください。）

▷ The software ***must*** be dispatched by courier.

（ソフトウェアはクーリエ便を使って発送してください。）

義務を過去形で表現するときは、その義務を実際に満たしたかどうかによって、その表現方法が異なる。

▷ Yesterday I ***had to*** give a presentation—I was very nervous.

（昨日はプレゼンをしなければなりませんでした。非常に緊張しました。）

〈義務を果たした→had to〉

▷ I ***was supposed to*** do a presentation, but in the end my prof did it for me.

（プレゼンをすることになっていましたが、結局、私の教授が代わりにやりました。）

〈義務が発生しなかった→was supposed to〉

▷ I ***didn't have to*** do a presentation, they let me do a poster session instead.

（プレゼンをする必要はなくなりました。その代わりにポスター発表を行いました。）

〈潜在的な義務が不必要になった→didn't have to〉

▷ I ***was going to*** do a presentation, but then I decided it would be too much work.

（当初はプレゼンをする予定だったのですが、作業量が多くなりすぎるだろうと判断しました。）

〈実現されなかった意図・計画→was going to〉

15.19 提供、依頼、招待、提案を示す助動詞—can、may、could、would、shall、will

何かを提供するときにcan、may、shallを使う

mayはフォーマルだ。

▷ ***May*** / ***Can*** / ***Shall*** I help you?

（お手伝いしましょうか。）

何かを依頼するときにcan、could、will、wouldを使う

couldとwouldは丁寧度が増す。

▷ ***Can*** / ***Could*** / ***Will*** / ***Would*** you help me?

（手伝っていただけますか。）

誰かを招待するときにwould you likeを使う

▷ ***Would you like*** to come out for dinner tonight?

（今夜、夕食に出かけませんか。）

提案するときにshallを使う

▷ ***Shall*** I open the window?

（窓を開けましょうか。）

▷ ***Shall*** we go to the bar?

（バーに行きましょうか。）

メールでは、canやcouldを使って丁寧な依頼文を作ることが多い。形は疑問形でも内容としては質問ではないため、センテンスの最後に疑問符をつけないネイティブが多い。

▷ ***Could*** you send me the doc as soon as you have a moment. Thanks.

（お時間でき次第、すぐに書類を送ってくださいますようお願い申し上げます。ありがとうございます。）

▷ ***Can*** you give me your feedback by the end of the week. Thanks.

（週末までにフィードバックをいただけませんか。よろしくお願いいたします。）

do you thinkをcouldの前に置くことで、さらにソフトな依頼文にすることができる。この場合、受信者は「No」と答えることができる。

▷ ***Could*** you translate the attached document for me.

（添付した文書を翻訳してくださいませんか。←do you thinkがない形）

▷ ***Do you think you could*** translate the attached document for me?

（添付した文書を翻訳していただくことは可能でしょうか。←do you thinkを加えた形）

pleaseを使ってさらに丁寧度を上げることもできる。

▷ ***Please could*** you tell me who I should contact regarding registering for the conference.

（学会への参加を申し込むには誰に連絡をすればよいか教えていただけませんか。）

疑問符は、本当に質問しているとき、つまり返事を期待しているときにつける。

▷ ***Can*** we meet up some time next week?

（来週のいつか、お会いできますか。）

▷ By the way, ***can*** you speak Spanish?

（ところで、スペイン語を話せますか。）

以下の状況では、Mayで始まっても疑問符は付けない。

▷ ***May*** I wish you a very happy new year.
（幸せな新年であるようお祈り申し上げます。）

▷ ***May*** I take this opportunity to …
（この機会に～させてください。）

▷ ***May*** I remind you that …
（～を再確認させてください。）

15.20 語順

主語＋動詞＋目的語

英語の標準的な語順は、(1) 主語、(2) 動詞、(3) 直接目的語、(4) 間接目的語である。

▷ I am attaching a file.
（ファイルを添付します。）

▷ We are meeting at the bar at six o'clock.
（6時にバーで会うことになっています。）

動詞がsend、give、email、forward、writeなどで、目的語が2つあり、そのうち1つが代名詞の場合、2種類の語順が考えられる。

▷ Please forward this message to her / Please forward her this message.
（このメッセージを彼女に転送してください。）

しかし、名詞が2つある場合、通常は直接目的語を先に置く。

▷ Please send my regards to Professor Smith.
（スミス教授によろしくお伝えください。）
〈直接目的語：my regards〉

▷ Did you send the attachment in your last email?
（前回のメールにファイルを添付して送りましたか。）
〈直接目的語：the attachment〉

主語と動詞（助動詞）の倒置

以下の場合、語順の倒置が起きる。

疑問文、依頼文

▷ ***Are you*** sure?

（確かですか。）

▷ ***Have you*** done it yet?

（もうやり終えましたか。）

▷ ***Can you*** help me?

（手伝ってくれますか。）

▷ ***Will you*** let me know how you want me to proceed—thanks.

（どのように進めたいか教えていただけますか。ありがとうございます。）

▷ If possible, ***could you*** do this before tomorrow.

（できましたら今日中にこれをしていただけますか。）

soやneither / norで始まる文節

▷ I am afraid I don't have any clear data yet, ***nor do*** I expect to have any before the end of the month.

（あいにくはっきりとしたデータはまだありませんし、月末までに得られる予定もありません。）

▷ I expect to be able to meet the deadline and ***so does*** my co-author.

（私も共著者も締め切りに間に合わせられると考えています。）

onlyや否定語で始まるセンテンス

▷ Only when we receive these corrections, ***will we*** be able to proceed with the publication.

（修正を受け取ってからのみ、出版に向けて前に進むことができます。）

▷ Not until we receive these corrections, ***will we*** be able to proceed with the publication.

（修正を受け取るまで、出版に向けて前に進むことはできません。）

shouldで始まるフォーマルな文

▷ ***Should you*** need any further clarifications, please do not hesitate to contact me.

（説明が必要でしたら、どうぞ遠慮なくご連絡ください。）

形容詞

通常、修飾する名詞の前に形容詞を置く。

▷ We hope we will be able to find a satisfactory solution.

（満足のゆく解決策を見つけられることを願っています。）

形容詞が多い場合、＜量、大きさ、色、出身、素材、目的＞の順に並べる。

▷ A large white Russian plastic bag.

(大きな白いロシア製のビニール袋。)

▷ The department is offering ten 3-year full-time contracts.

(その学部では、3年間の常勤契約者を10名募集しています。)

名詞を後ろから修飾したい場合、who、that、whichで始まる関係代名詞の節にする。

▷ I sent the paper, which had been revised by the proofreader, to the editor.

(エディターに論文を送りましたが、校閲者による修正を経たものです。)

過去分詞

過去分詞は修飾する名詞の後ろに置くことが多いが、前後どちらでもよい場合もある。ただし、間違いを犯しにくくするために、常に後ろに置くことを勧める。

▷ The results obtained prove that …

(得られた結果から～であることが証明されます。)

▷ The method described is …

(記述した手法は～。)

副詞

頻度を表す副詞や、also、only、justは、(1) am / is / are / was / wereの後ろ、(2) 主語と動詞の間、(3) 助動詞と動詞の間に置く。

(1) I am ***occasionally*** late with deadlines.

(私はときおり締め切りに遅れます。)

I am ***also*** an expert chemist.

(私は経験豊かな化学者でもあります。)

(2) I ***sometimes*** arrive late for work.

(私は時々仕事に遅刻します。)

I ***only*** speak English and German.

(私は英語とドイツ語しか話しません。)

(3) I have ***often*** given presentations.

(私はよく口頭発表をします。)

I have ***just*** seen her presentation.

(彼女の発表を見たところです。)
〈現在完了のhaveは助動詞として働く〉

性質を示す副詞は、句の最後に置く。

▷ She speaks English ***quickly*** / ***fluently***.

(彼女は英語を 速く/流暢に 話す。)

日時を表す副詞は、通常、センテンスの最後に置く。

▷ I can send you the package by courier ***today*** / ***tomorrow morning*** / ***at 09.00.***

(この荷物を 今日/明朝/午前9時までに クーリエ便で送ることができます。)

mentionとaboveの位置は、ハイフンの有無によって変わる。

▷ As mentioned ***above***, this method only works if …

(上記で述べたとおり、この手法は～のときのみ有効です。)

▷ The ***above***-mentioned method only works if …

(上記で述べた手法は～のときのみ有効です。)

接続語句

接続語句のほとんどは、センテンスの最初か中間に置く。

▷ We have lost most of our government funding. ***As a result***, we will have to make some drastic cuts.

(私たちは政府からの財政援助のほとんどを失っています。
その結果、思い切った経費削減をしなければならないでしょう。)

▷ The paper was presented at an international conference. ***In addition***, it is going to be published in …

(その論文は国際会議で発表されました。さらに、～で出版される予定です。)

▷ I will, ***however***, still require another two months to finish the work.

(しかしながら、仕事を終えるためにはさらに2ヵ月が必要です。)

▷ I have ***thus*** decided to withdraw my paper.

(したがって、論文を取り下げる判断をしました。)

tooとas wellは、センテンスの最後に置くことが多い。

▷ She has a degree in Physics and a Master's in analytical chemistry ***too*** / ***as well.***

(彼女は物理学の学位のほか、分析化学の修士号も持っています。)

although、though、even thoughは文頭または文章中に置くことができる。

▷ ***Although*** he has worked here for years, he has never been given a contract.

(彼はここで長年働いていますが、契約を交わしたことはありません。)

▷ He has never been given a contract ***even though*** he has worked here for years.
(彼はここで長年働いているにもかかわらず、契約を交わしたことがありません。)

15.21 接続語句

メール、レター、提案書の中で使用できる接続語句をまとめた。①に記載した語句よりも、②に記載した語句のほうが多少フォーマルな表現である。

これらの単語やフレーズの違いについてもっと学びたいときは、『ネイティブが教える　日本人研究者のための論文英語表現術』を参照のこと。

順序や連続性を示す

① first（最初に), then（その後), next（次に), at the same time（同時に), finally（最終的に), in the end（ついに）

② firstly（第一に), secondly（第二に), simultaneously（同時に), subsequently（引き続いて), lastly（最後に）

情報を追加する、トピックの変化を示す

① another thing, while I'm at it（ついでに), by the way（ところで), and, also（また）

② moreover, in addition, furthermore（さらに）

注意を引く

① note that, what is really important to note is（なお）

② NB, please note that（なお）

対比する

① although, though, even though, however（ではあるが), instead, on the other hand, even so（一方で）

② despite this, by contrast, nevertheless, on the contrary, nonetheless, conversely（にもかかわらず）

前言を修正する、別の視点を示す

① actually, in fact（実際は）

② as a matter of fact, in reality（実際のところ）

類似点を示す

① in the same way, similarly（同様に）

② by the same token, likewise, equally（同様に）

例を挙げる、細かく指定する

① e.g.（例えば），i.e.（すなわち），such as, like（～のような），this means that（～を意味する），in other words（言い換えると）

② for example, for instance（例えば），that is to say（すなわち）

結果を示す

① so（それで）

② consequently, as a result, therefore, thus, hence, thereby, accordingly（したがって）

結ぶ

① in sum（まとめると）

② to conclude, in conclusion, in summary（要約すると）

謝辞

下記の専門家の皆さまに感謝いたします。Stewart Alsop（alsop-louie.com）, Susan Barnes, Chandler Davis, Andy Hunt（pragprog.com）, Ibrahima Diagne, Jacquie Dutcher, Sue Fraser, Patrick Forsyth, Keith Harding, Susan Herring, Tarun Huria, Alex Lamb（www.alexlambtraining.com/index.html）, Luciano Lenzini, Brian Martin, David Morand, Janice Nadler, Anna Southern, Richard Wiseman（http://richardwiseman.wordpress.com/tag/quirkology/）, Mark Worden, Zheng Ting.

Rogier A. Kievitと彼のウェブサイト“Shit My Reviewers Say”に心から感謝します。引き続き応援しています。

本書のためにメールや査読報告書をご提供くださった、下記の研究者の皆さまに感謝申し上げます。また、過去10年間にわたり、典型的なアカデミックメールを継続的に提供してくれた下記の博士課程の私の生徒たちにも感謝します。

Nicola Aloia, Michele Barbera, Bernadette Batteaux, Stefania Biagioni, Silvia Brambilla, Emilia Bramanti, Francesca Bretzel, Davide Castagnetti, Elena Castanas, Shourov Keith Chatterji, Patrizia Cioni, MariaPerla Colombini, Francesca Di Donato, Marco Endrizzi, Fabrizio Falchi, Roger Fuoco, Edi Gabellieri, Valeria Galanti, Silvia Gonzali, Tarun Huria, Kamatchi Ramasamy Chandra, Stefano Lenzi, Luciano Lenzini, Francesca Nicolini, Enzo Mingozzi, Elisabetta Morelli, Beatrice Pezzarossa, Marco Pardini, Roberto Pini, Emanuele Salerno, Daniel Sentenac, Paola Sgadò, Igor Spinella, Enzo Sparvoli, Pandey Sushil, Eliana Tassi, Elisabetta Tognoni, Eriko Tsuchida and Ting Zheng.

原書新版のために新たな資料をご提供くださった下記の皆さまにも感謝申し上げます。Cian Blaix, Sofia Luzgina, Leonardo Magneschi, Maral Mahad, Bartolome Alles Salom, Shanshan Zhou.

付録：ファクトイドのデータソース

ファクトイドに掲載された情報の多くがインターネットで閲覧可能です。ファクトイド、引用、統計データについて、以下にデータソースを紹介します。括弧内の数字はファクトイドの番号を示しています。たとえば、(2) はそのファクトイドの2番目の例を指しています。

第1章

(2) 毎日2500億通以上のメールが送信されているという統計に基づく（出典：*WikiAnswers*)。積み重ねれば高さ2万5000 km、重さ125万トン、印刷されたメールの表面積は1万5592 km^2、そしてコストは約10億ユーロになるという。(3) TNS "*Digital Life*" 2010年10月10日

第2章

(1) 私信；(2) Dr Tarun Huria, Indian Railways; (3) Dr Zheng Ting [aka Sophia Zheng], University of Shandong, Jinan, China. (4) www.theguardian.com/media/mind-your-language/2015/aug/24/hi-hey-hello-dear-reader-how-do-you-start-an-email

第3章

(1, 3, 4) 多くの引用集に収載されている；(2) *Fortune*; (5) *Winning Sales Letters* (John Fraser-Robinson著, David Grant Publishing, 2000)

3.1 人は時間の40%をメールに使っているというデータ：*I Hate People !* (J Littman & M Hershon著, Little, Brown and Company)

第4章

ワシントン大学David Silverおよびインディアナ大学Susan Herringが実施した調査に基づく2001年5月20日発行*The Observer*紙。

第5章

ファクトイド内の情報はすべて公知である。
5.11 *The Christopher Robin Birthday Book* (A.A. Milne著, E.P. Dutton & Co., 1936). **5.14** スペルチェックの詩について、原典を見つけることができなかった。人の心について驚異的な能力に関するケンブリッジ大学の調査についても、研究者を見つけられなかったが、むろん、完全な創作の可能性はある。

第6章

注：一般的な言葉については、多くのウェブサイトや書籍に掲載されている。このサイト（リンク切れのため日本版に記載なし）はアメリカで子供を教える教師への支援を目的とし、書籍*The Reading Teacher's Book of Lists* (Fry and Kress著, John Wiley) から引用されている。したがって、米国カリキュラムによくある偏見がかなり含まれている（283番のIndianの位置がその例だ。Indianはネイティブアメリカンを指すと思われるが、このリストが数十年前に作成された可能性があることを示しているのだろう)。このリストを選んだのは、非常に驚くべき項目が含まれているためで、ディスカッションの題材として適していると考えたからである。比較的新しいリストのリンク：https://en.wikipedia.org/wiki/Most_common_words_in_English

第7章
（1, 2）*Business Life*, April 2008;（3）*Fortune*, March 2, 1998, ;（6）http://money.guardian.co.uk/work/story/0,1456,1589620,00.html

第8章
I Hate People !（J Littman and M Hershon著, Little, Brown and Company, 2009）

第9章
法則が記載された引用元：*Murphy's Law - And Other Reasons Why Things Go Wrong*（Arthur Bloch著, Price/Stern/Sloan Publishers, 1977）。ただし、これらの法則のすべてが今では多数のウェブサイトに記載されている。

第10章
（2）アンディー・ハント著「リファクタリング・ウェットウェア」（オライリー・ジャパン）（Andrew Hunt著, *Pragmatic Thinking and Learning: Refactor Your Wetware*, The Pragmatic Bookshelf, 2008）（3）私信

10.4 当構造は、*Understanding Misunderstanding*（Nancy Slessenger著, Vine House Essential Ltd, 2003）を基礎としている。

10.9 *Business Communications*,（Claudia Rawlins著, HarperCollins Publishers, Inc, 1993）

第11章
http://shitmyreviewerssay.tumblr.com/, Rogier A. Kievitに感謝します。

11.1 Magda Kouřilová著, *Communicative characteristics of reviews of scientific papers written by non-native users of English*（*Endocrine Regulations* Vol. 32, 107 No. 114, 1998）; Sweitzer BJ, Cullen DJ著, *How well does a journal's peer review process function? A survey of authors' opinions*（JAMA1994;272:152-3）; Juan Miguel Campanario著, *Have referees rejected some of the most-cited articles of all times?*（*Journal of the American Society for Information Science*, Volume 47 Issue 4, April 1996）

第12章
（1）https://www.uow.edu.au/~bmartin/pubs/08jspsrr.html;（2, 3）私信。本章内のサブセクションに記載した考えの一部は、NOFOMA 2007レビューガイドラインから引用した。

第13章
（1-3）私信

翻訳者あとがき

ここに、*English for Academic Correspondence*の邦訳『ネイティブが教える　日本人研究者のための英文レター・メール術 日常文書から査読対応まで』をお届けします。

本書は、長年にわたって論文の編集と校正に携わってきたエイドリアン・ウォールワーク氏が、英語を母語としない科学者を対象に執筆しているシリーズの一つで、*English for Writing Research Papers*『ネイティブが教える 日本人研究者のための論文の書き方・アクセプト術』（講談社）に続く邦訳版の第2弾です。今回も、前著と同様に英語ネイティブの視点に立った英文レター／メールの書き方が、アカデミックな研究に携わる人のためにあらゆる角度から詳しく解説されています。

英文メールの書き方の解説書はたくさんありますが、例文を形式的に配しているだけのものが多く、英語ネイティブがどのような視点からメールを書いているのかの発想にまで踏み込んだものは少ないように思います。本書のよさは、英語ネイティブがどこに注意を向けているのか、そしてそれをどう表現しているのかという、英文レター／メール作法の戦略と戦術を授けてくれていることです。そうだったのか、そう考えるのか、と感じながら読み進めて下さい。豊富な例文と詳しい解説から、きっと多くの発見があるはずです。私たちも、著者のエイドリアンとメールで連絡を取り合う機会がありましたが、本書で培ったスキルが大いに役に立ちました。

邦訳の出版に際して、エイドリアンから日本の読者の皆さんに特別にメッセージを頂きました。その中に、「本書のコンセプトは共感と敬意です」とあります。カバーレターを書くときも、査読結果に返事を書くときも、エディターと連絡を取るときも、常に相手と良好な関係を構築することを意識して書くことが重要であると訴えています。またそのエイドリアンが、コミュニケーションには相手に対する思いやりが必要であることを、かつて*How To Be Polite In Japanese*という、外国人向けに日本人が書いた本から学んだという事実は、とても興味深いことです。

エイドリアンが重視している「相手への共感と敬意」という姿勢は、国際学会でのプレゼンテーションのスキル向上について解説したエイドリアンの著書『ネイティブが教える 日本人研究者のための国際学会プレゼン戦略』（講談社、2022）の中にもうかがわれます。その中では、networkingの重要性が説かれています。

networkingとはpeople skills、すなわち社交術のことです。プレゼンテーション上手になるためには、プレゼンテーションそのものの質を高めることもさることながら、オーディエンスとの良好な人間関係を構築することにも同様に注力するべきであると説いています。エイドリアンは「相手への共感と敬意」をとても重視しているようです。

各章は前著同様に“ファクトイド”と“賢者の言葉”で始まります。ファクトイド（Factoid）とは*a small and quite interesting information that is not importantという意味で、雑学的な豆知識のことです。雑学が豊かであることは、相手とコミュニケーションをとる上で有利に働くとして、エイドリアンはこれを重視しています。準備運動として読んでください。

第14章と第15章には720例ものフレーズや例文が紹介されています。特に第14章のメール表現集には、アカデミックライティングで想定される様々な場面に対応する、そのまますぐに使える表現が豊富に紹介されています。これらの表現を使ってただちに質の高いメール／レターを作成できるように上手に構成されています。

第15章では、時制と助動詞の使い方について解説されています。多くの文法事項からあえて時制と助動詞が選ばれているのは、これらが英語ノンネイティブにとって誤りやすい領域だということを意味します。私たちが既に理解している内容も多く紹介されていますが、時制と助動詞の使い方は日本人の弱点でもあり、注意深く読むと新たな気づきがあります。また、そのままアカデミックライティングに利用できる例文になっています。

一冊の本を訳すのは長いマラソンを走るようなものです。そのマラソンに最後まで辛抱強く伴走して下さり、いつも励ましてくださった編集部の秋元将吾氏と横山真吾氏の両氏と、邦訳の出版を誰よりも喜び、アドバイスをくださった著者のエイドリアン・ウォールワーク氏に感謝の意を表したいと思います。

最後になりましたが、本書が少しでも読者の皆さまの英文メール作法のお役に立ち、素晴らしいグローバルネットワークが構築されますよう、エイドリアン同様、私たちも心から願っております。

2021年6月

前平謙二／笠川梢

（*Longman Advanced Dictionary of Contemporary Englishより引用）

索引

日本語

あ

相手が誤解している可能性を確認する 274
相手からの返信に感謝する 275
相手の希望を聞く 257
相手は理解できたと考えているが、実はできていないとき 274
曖昧さ 72
謝る 276
一度受けた依頼を断る 265
一般的な問い合わせ 253
以内/まで/までに 107
依頼に応じられる時期を伝える 260
依頼のトーン 49
依頼メールと返信 85
依頼メールの構成 93 96
依頼を断る 252
依頼を引き受ける 251
インターネット接続の問題 279
インターンシップ 76 140
インデント 115
インフォーマルなエンディング 246
インフォーマルな校正のために文書を送る 263
インフォーマルな校正用の文書を受領し、コメントする 265
インフォーマルな表現 38
インフォーマルにエンディングが近いことを示す 247
引用依頼 20
受けた支援に感謝する 276
英作文 66
エディターとのやりとり 231
絵文字 44
エラスムスプログラム 126
援助をお願いする 263
エンディング 58 67 246
エンディングの挨拶 246
エンディングの前の挨拶 247
オープニング 18 120 245
オープニングの挨拶 245
送ったメールが届いていなかった 277
お願いする 251

か

会議や遠隔会議を調整する 260
会議をキャンセルする 262
会議を断る 261
会議を調整する 260
回答文の構成 214
回答文の時制 220
外部資金申請 159
過去形 291
過去のカンファレンスでの出会いに言及する 249
過去のメール/電話/会話に言及する 249
学会参加問い合わせ 88
仮定法過去 298
仮定法過去完了 299
カバーレター 114
簡潔さ 67
感謝する 275
疑問点は質問 108
共感する 260
強調/追加/要約する 250
共同研究 59
具体的に指示する 264
グループ/チーム宛てオープニング 245
敬称 9
研究趣意書 157
研究職への応募 140 160
研究提案書 157
健康を祈る 248
現在完了形 292
現在完了進行形 294

現在形……282
現在進行形……285
建設的な批判……165
件名……1
校正依頼を受ける……265
校正依頼を断る……265
校正メールの結び……181
誤解を認める……274
語順……70 305
言葉の選び方……62
コメントに返信する……267
今後のことを説明……257

さ

催促する……182 241 259
作業開始/完了時期を伝える……265
査読者に反論……223
査読者のコメントについて前向きな意見を述べる……270
査読者への返答の構成を伝える……269
査読対応……211 231 269
査読報告……186
査読報告書……267
査読報告書の構成……190
サマースクール……133
サンドイッチテクニック……28 193
時間を割いてもらうことを気遣う……251
時差……29
時制……280
事前に感謝する……275
実施内容に問題がないか確認を求める……259
実施内容を伝える……259
知っている相手に用件を伝える……248
質問する……178
自分の予定を伝える……258
自分の理解が正しいかどうかを確認する……274
志望動機(カバーレター)……141
志望理由書……162
締め切り……258
締め切り延長依頼……25
締め切りの延長を求める……269
締め切りを伝える……264
締め切りを伝える/締め切りに応える……258
ジャーナルへのカバーレター……234
修正依頼……49
修正箇所をまとめる……270
修正しない理由……222
修正しなかった理由を伝える……271
修正済み原稿を同封して査読結果に返信する……269
修正版を添付して返信する……266
修正を提案する……266
重要点を強調し、注意を引きつける……250
受領確認を送る……278
受領の確認を求める……277
詳細に関する質問を受け付けると伝える……256
詳細を加える……256
詳細を確かめる……255
招待する……252
招待を受ける……252
招待を辞退する……253
承諾を取り下げる……253
初対面の相手に用件を伝える……248
助動詞(助言・義務)……301
助動詞(提供・依頼など)……303
助動詞(能力・可能性)……300
助動詞(フォーマル)……40
署名……15
進捗の報告を求める……259
スケジュールが合わないことを知らせる……261
スペル……9 80 208
スペルチェッカー……82
製品、材料、薬品などを注文する……254
接続語句……309
説明を受け取ったときの返信……275
説明を求める……266
説明を求める/説明する……273
センテンスの短さ……68
全般的な批判……267

た

大学事務室へのメール……89

代名詞 73 79
チェック依頼 263
チェック項目 125
チェック対応 265
直説法 297
直訳 75
著者から査読者・エディターへの返信 269
追加 250
追伸 15
使ってはならない表現 195
次にしてほしいことを伝える 257
次のステップについて話す 257
次の予定を伝える 257
手伝いを引き受ける 251
転送 73
添付 33 96
添付について受信者に伝える 277
添付ファイルを送る 277
添付ファイルを再送する 278
電話の後に確認の連絡をする 249
問い合わせに回答する 255
問い合わせに感謝する 255
問い合わせに言及する 255
問い合わせに対する回答の結び 256
問い合わせの後の連絡 254
問い合わせの締めくくり 254
問い合わせる 253
特定の相手に文書を送る理由を説明する 263
特定の箇所に対してコメントする 268

な

長いメール 27
名前が分かりにくい 11
名前や肩書きがわからない相手宛てオープニング 246
日時を提案する 260
日時を変更する 262
日程の確認に返信する 262
日程を確認する 262
人間関係 34

は

背景情報を説明する 263
博士課程応募 136 160
ピアレビュー 186 211
日付の表記 30
ひな形の流用 25
批判のメール構成 168
標準的なエンディング 246
標準的なオープニング 245
ファイルの添付漏れを送信者に伝える 278
フォーマリティ 34
フォーマルなエンディング 247
フォーマルな表現 39
複数の依頼 102
プレースメント 94 139
プレビュー画面 3
文書を再送する 264
文法 80 280
返信期限 107
返信予定を伝える 258
返答期限を伝える 258
他の人によろしくと伝える 247
ボランティア応募 145
本文の構成 16
翻訳の影響 62

ま

前向きなコメントを書く 266
まだ依頼に応じていないことの言い訳 260
未完成のメールを送ってしまった 277
ミスを少なくする 64
未来形will 287
未来進行形 289
結びの言葉 32
結びのフレーズ 271
命令形 296
メーリングリスト 23
メール/添付ファイルが読めないと伝える 278
メールか電話か 166
メールにすぐ返信しなかったことに対して謝る

……276
メールにすぐ返信しなかったことについての弁解……276
メールの挨拶……7 18
メールの引用……111
メールの技術的な問題……279
メールの最後で謝罪を繰り返す……277
メールの受領を確認する……259
メールの用件……248
メール表現集……244
メッセージの用件を伝える……248
文字の多いメール……100
問題がある……271
問題があることを説明する……271
問題が解決中であると伝える……273
問題に関連するフレーズ……271
問題の原因を説明する……273
問題を解決する……272
問題を理解しようとする……272

や

要約し、締めくくる……250
よく知る相手宛てオープニング……246

ら

理解されていることを祈る……275
理解したことを示す……272
理解できていない相手に説明する……273
理解できないため、説明を求める……273
リジェクトを勧める……268
略語……44
留学問い合わせ……48 65 81
履歴書チェック依頼……54
リンク依頼……20
留守メッセージ……279
礼儀正しさ……176
レターの挨拶……122
レターのエンディング……124
レターのタイトル……120
レビューへの感謝……184
レファレンス……148
論文請求……59 254
論文チェック依頼……51 92 98
論文についてコメント……176
論文の送付依頼……254
論文のネイティブチェック……238
論文を要約する……267

わ

ワークショップ……129
話題が変わることを示す……250

英語

be going to……291
Best regards……13
cc……32
EOM……4
first conditional……297
Google翻訳……77
interesting……198
Mr / Ms / Mrs / Miss……11
OK……198
PhD proposal……158
please……33 71
rebuttal……212
research interest……159
second conditional……298
should……200
statement of purpose……159
third conditional……299
To whom it may concern……12
zero conditional……297

著者紹介

エイドリアン・ウォールワーク

1984年から科学論文の編集・校正および外国語としての英語教育に携わる。2000年からは博士課程の留学生に英語で科学論文を書いて投稿するテクニックを教えている。30冊を超える著書がある（シュプリンガー・サイエンス・アンド・ビジネス・メディア社、ケンブリッジ大学出版、オックスフォード大学出版、BBC他から出版）。現在は、科学論文の編集・校正サービスの提供会社を運営（e4ac.com）。連絡先は、adrian.wallwork@gmail.com

訳者紹介

前平 謙二

医学論文翻訳家。JTF（日本翻訳連盟）ほんやく検定1級（医学薬学：日→英、科学技術：日→英）。著書に『アクセプト率をグッとアップさせるネイティブ発想の医学英語論文』メディカ出版、訳書に『ネイティブが教える 日本人研究者のための論文の書き方・アクセプト術』『ネイティブが教える 日本人研究者のための国際学会プレゼン戦略』『ネイティブが教える日本人研究者のための論文英語表現術』講談社、『ブランディングの科学』朝日新聞出版、『P&G ウェイ』東洋経済新報社。ウェブサイト：https://www.igaku-honyaku.jp/

笠川 梢

翻訳者。留学、社内翻訳者を経て、2005年独立。主に医療機器や製薬関連の和訳に携わる。訳書に『ネイティブが教える 日本人研究者のための論文の書き方･アクセプト術』『ネイティブが教える 日本人研究者のための国際学会プレゼン戦略』『ネイティブが教える 日本人研究者のための論文英語表現術』講談社、『ARの実践教科書』マイナビ出版（共訳）。日本翻訳連盟会員、日本翻訳者協会会員。

NDC407　335p　21cm

ネイティブが教える　日本人研究者のための英文レター・メール術
日常文書から査読対応まで

2021年 6月25日　第1刷発行
2024年 7月11日　第5刷発行

著　者　エイドリアン・ウォールワーク
訳　者　前平謙二・笠川　梢
発行者　森田浩章
発行所　株式会社 講談社
〒112-8001　東京都文京区音羽2-12-21
販　売　(03) 5395-4415
業　務　(03) 5395-3615

KODANSHA

編　集　株式会社 講談社サイエンティフィク
代表　堀越俊一
〒162-0825　東京都新宿区神楽坂2-14　ノービィビル
編　集　(03) 3235-3701

本文データ制作　美研プリンティング 株式会社
印刷･製本　株式会社 ＫＰＳプロダクツ

落丁本・乱丁本は、購入書店名を明記のうえ、講談社業務宛にお送りください。送料小社負担にてお取替えいたします。なお、この本の内容についてのお問い合わせは、講談社サイエンティフィク宛にお願いいたします。定価はカバーに表示してあります。

Printed in Japan

ISBN 978-4-06-523920-9